Thomas Bugnyar

RABEN

**Für meine Familie
sowie Anna Vardai
und Karl Kral**

Thomas Bugnyar

RABEN

Das Geheimnis ihrer erstaunlichen Intelligenz und sozialen Fähigkeiten

In Zusammenarbeit mit Patricia McAllister-Käfer

Brandstätter

1 **„Raben sind auch nichts anderes als fliegende Affen“**
Mein Weg in ein ganz spezielles Forschungsgebiet | 6

2 **Raben verstehen mehr, als wir denken**
Soziale Fähigkeiten und ausgeprägte Angst vor Neuem: Tiere mit starken Charakteren | 31

3 **Allesfresser mit gewissen Vorlieben**
Wann Raben zum Essen rufen – und was sie dabei sonst noch mitteilen | 54

4 **Tarnen und Täuschen**
Bluffen, Verstecken, Tricksen: Kreative Wege, Konkurrenten hinters Licht zu führen | 69

5 **Der schwierige Blick in den Rabenkopf**
Wie das „Denken“ der Tiere in Experimenten erforscht werden kann | 94

6 **Von Vielfliegern und Dableibern**
Satelliten-Monitoring gibt Einblicke in die Raumnutzung und Bewegungsmuster der Raben | 113

7 **Komplexe Beziehungen**
Was Raben voneinander wissen und wie strategisch sie das Wissen einsetzen | 133

8 **Danke für die Information!**
Rufe, Gesten, Blicke – Raben kommunizieren über vielfältige Wege | 165

9 **Eine Frage der Persönlichkeit**
Freundschaften, Intrigenspiele und Soap-Operas: Soziale Rollen und individuelle Eigenschaften | 188

10 **Was wir von den Raben lernen können**
Die Erforschung der Tiere bringt auch neue Erkenntnisse über die Welt der Menschen | 209

1

„Raben sind auch nichts anderes als fliegende Affen“

Mein Weg in ein ganz spezielles Forschungsgebiet

Da stand ich also wieder mit Hugin, Munin, Wota und Kaflunk – und schüttelte den Kopf. Seit Wochen hatte ich jetzt schon mit den vier Rabengeschwistern für mein Dissertationsprojekt gearbeitet: Ich versteckte für sie kleine Filmdosen, wie sie in den Neunzigerjahren bei jedem, der fotografierte, herumkullerten, in der Voliere. Farblich hatte ich sie sauber markiert: rot, blau, gelb.

Raben lieben Käse. Deshalb hatte ich mir für dieses Experiment eine Käse-Regel überlegt: Montags steckte in allen rot markierten Döschen ein Stück Käse, dienstags in allen blauen und so weiter; die Dosen der jeweils anderen beiden Farben blieben für den Tag leer. Die Raben sollten lernen, dieser Käse-Regel zu folgen: Sie sollten also am Montag zuerst durch Versuch und Irrtum herausfinden, dass heute Rot die „richtige" Farbe war, dass also heute die roten Döschen mit Käse gespickt waren, und dann gezielt nach allen roten suchen.

Aber die Vögel schienen einfach nicht zu verstehen, was ich von ihnen wollte. Vielleicht, weil ich anfangs selbst nicht so genau wusste, wie ich die Arbeit mit den Raben gestalten sollte und wie sie darauf reagieren würden: Es ist das Jahr 1996, ich bin ein junger, ambitionierter Student und zum ersten Mal für einen längeren Zeitraum an der Konrad-Lorenz-Forschungsstelle im oberösterreichischen Grünau. Und ich bin als angehender Verhaltensbiologe – mit einer satten Portion Ehrgeiz – schließlich nicht nur hier, um mit den Raben zu spielen, ich möchte meine Dissertation durchführen. Es ist mir wichtig, dass die Vögel von Anfang an merken: Sie sollen mit mir arbeiten. Im Käseexperiment möchte ich herausfinden, wie gut die Raben lernen können, einer Regel zu folgen, und ob sie darüber hinaus imstande sind, das Wissen ihrer Artgenossen für sich zu nutzen.

Aber Hugin und Munin, Wota und Kaflunk schienen sich überhaupt nicht dafür zu interessieren, welches Versuchsdesign ich mir überlegt hatte. Sie öffneten fleißig die kleinen Dosen, verspeisten den Käse, wenn sie darin ein Stück fanden, aber erkannten die Käse-Regel nicht. Ich versuchte immer wieder neue Anordnungen, kam fast jeden Tag mit einer neuen Annahme, warum der Versuch nicht klappte, zum Frühstück in der Forschungsstelle – bei den Kolleg*innen war das schon ein Running Gag. Es war zum Haareraufen.

Ich kam damals von der Primatologie zu den Raben. Für meine Diplomarbeit hatte ich mich davor mit jener Klasse von Tieren beschäftigt, zu der auch wir Menschen zählen, genauer gesagt: mit ihrer Kognition, also ihrem Wahrnehmen und Denken.

Nach einigen Jahren der Beschäftigung mit Weißbüscheläffchen und Löwenkopfäffchen hatte ich für meine Dissertation zuerst ein internationales Schimpansenprojekt im Auge. Das sich aber plötzlich zerschlug. Da fragte mich der Verhaltensbiologe Kurt Kotrschal, ob ich nicht in Grünau an Raben forschen wolle, eine Kohorte – jene rund um Hugin und Munin – sei frisch handaufgezogen. „Sind auch nix anderes als fliegende Affen", sagte er schmunzelnd.

Von den Primaten also zu den Raben? Herausforderung angenommen!

Als ich dann tatsächlich mit den Raben zu arbeiten begann, stand ich zuerst also auch vor der Frage: Wie ticken diese Tiere? Wie kann ich mich ihnen verständlich machen? Langsam, schrittweise arbeitete ich mich vor. Und schließlich hatte ich auch im Käseexperiment die Anordnung gefunden, bei der die Raben konzentriert zu suchen schienen. Mit unerwarteten Wendungen allerdings: Kaum verzeichnete ich erste Erfolge, kaum klappte etwas wirklich so, wie ich es mir ausgedacht hatte, blieb mir auch schon der Mund offen stehen: Die Rabenbrüder Hugin und Munin hatten damit begonnen, einander auszutricksen – und mich obendrein. Eine Fähigkeit, die ich bisher nur Primaten zugetraut hatte.

Ich selbst hatte mich bis zu dem Zeitpunkt schon viel mit (Tier-)Psychologie auseinandergesetzt, insbesondere mit sozialem Lernen und Imitation. War es also vielleicht „wishful thinking" meines eigenen Forschergeistes, dass ich die Intelligenz der Primaten nun auch in den Raben entdecken wollte? Nach dem Stand der damals aktuellen

Forschung drängte sich die Frage auf: Warum, bitte, sollten Raben derart ausgereifte Fähigkeiten haben?

Einer der Rabenbrüder, Hugin, hatte die Käse-Regel nämlich offenbar recht früh in unserer Versuchsphase verstanden. Munin wiederum machte sich das Wissen seines Bruders zunutze und nahm ihm einfach die geöffnete Dose mit den Käsestücken weg. Woraufhin Hugin anfing, gezielt bei den falschen Dosen zu suchen, bis Munin ebenfalls die Käse-Regel lernte und ihm den Schwindel nicht mehr abnahm. Somit verstrickten sie einander in verschiedenste Manöver des Tarnens und Täuschens.

Was ich aus dieser Studie lernte: Raben sind begnadete Schwindler, die unglaublich gut aufeinander eingehen. Sie sind äußerst flexibel in ihrem Verhalten, lernen sehr schnell und können vielleicht sogar Zusammenhänge begreifen – darunter verstehen wir in der Kognitionsbiologie die Fähigkeit, nicht nur auswendig zu lernen, sondern über Problemstellungen auch nachzudenken.

Raben sind nicht einfach. Sie „challengen" einen, wie man neudeutsch sagt, sie fordern einen heraus, stellen einen auf die Probe. Genau das reizte mich an ihnen – und tut es bis heute. Sagt mir jemand, etwas sei nicht möglich, zerbreche ich mir leidenschaftlich gern den Kopf darüber, wie ich meinen Zugang oder meine Methoden ändern könnte, um das Unerklärliche doch zu ergründen. Wie mir das bei den Raben schon gelungen ist, manchmal aber auch misslingt, wie die Raben immer wieder mein eigenes Denken auf den Kopf stellen, davon erzähle ich in diesem Buch. Es ist übrigens auch eine Geschichte des Staunens: Denn sosehr ich in all den Jahren versucht habe, Raben zu verstehen – am verblüffendsten fand ich stets die Situationen, in denen ich bemerkte: Sie verstehen mich.

Wie ich den Raben nahekomme

Sich mit Raben für wissenschaftliche Studien derart vertraut zu machen, das war Mitte der Neunzigerjahre neu. Davor hatten Forschende vor allem mit freilebenden Raben gearbeitet, am bekanntesten von ihnen ist Bernd Heinrich. Eigentlich spezialisiert auf Hummeln, war dem US-amerikanischen Zoologen deutscher Herkunft in Maine und Vermont, an der US-Ostküste nahe der kanadischen Grenze, etwas aufgefallen: Raben, die im tiefverschneiten Wald ein verendetes Tier fanden, machten andere Raben lauthals darauf aufmerksam. Heinrich beobachtete solche Schauspiele, während er stundenlang im Schnee lag. Ein – durch die Brille des Evolutionsbiologen betrachtet – eigenartiges Verhalten der Tiere: Warum sollten die Vögel in einer Situation, in der Nahrung ohnehin knapp war, teilen wollen?

Ich setzte mich mit Bernd in Verbindung und ging nach Abschluss meiner Dissertation 2001, unterstützt durch ein Erwin-Schrödinger-Auslandsstipendium, für zwei Jahre an die Universität Vermont. Zu dieser Zeit hatte er auch damit begonnen, Raben temporär in Volieren zu halten und ihnen erste kognitionswissenschaftliche Aufgaben zu stellen.

In Vermont zog ich gemeinsam mit meiner Kollegin Mareike Stöwe meine ersten Raben mit der Hand auf. Immer war eine/r von uns für die Pflege der Jungen, der/die andere für die Datenaufnahme zuständig. Bernd schaute uns beim Austüfteln unserer Versuchsdesigns immer belustigt zu. Es gefiel ihm sichtlich, was wir da alles ausprobierten, er war aber oft skeptisch, auf welchen Denksport sich die Raben dann auch wirklich einlassen würden.

Natürlich klappte auch nicht alles, aber dank unserer Arbeitsteilung waren Mareike und ich in diesen zwei Jahren wissenschaftlich extrem produktiv. Wir konnten eine große Anzahl an Studien unter standardisierten Bedingungen durchführen und diese in international angesehenen, wissenschaftlichen Journals unterbringen. Damit qualifizierte ich mich für weiteres Funding meiner Forschung – die Finanzierung, z. B. durch Stipendien, Stiftungen oder Sponsoren, ist stets eine der größten Sorgen eines Jung-Wissenschaftlers.

Ich kehrte nach Österreich zurück, um hier meine erste Arbeitsgruppe zur Erforschung der Rabenkognition aufzubauen. Dafür hatte ich bereits einige Studierende im Kopf, die sich für Raben zu interessieren und zu mir und Grünau zu passen schienen. Christian Schlögl wurde somit mein erster Masterstudent und später Dissertant – allerdings noch inoffiziell, weil ich zu der Zeit nicht habilitiert war, also keine Betreuungsbefugnis hatte. Matthias Loretto kam als ganz junger Student von der Universität Graz, um beim Rabenaufziehen zu helfen. Er schloss dann sein Bachelor-, Master- und Doktoratsstudium mit der Erforschung von Raben ab und arbeitet auch heute noch mit ihnen. Christine Schwab und Mareike Stöwe komplementierten unser Team: Christine war gerade dabei, ihre Dissertation zu planen, und Mareike arbeitete daran, ihre Dissertation abzuschließen. Ähnlich wie in den USA waren wir auch in dieser Zeit wissenschaftlich äußerst produktiv.

Nach einem weiteren einjährigen Auslandsaufenthalt an der schottischen St.-Andrews-Universität erhielt ich 2007 den prestigeträchtigen Start-Preis des Wissenschaftsfonds FWF für Nachwuchsforscher*innen. Ich konnte es zuerst gar nicht glauben – damit hatte ich quasi mein Ticket für ein Forscherleben gebucht: Der sehr gut dotierte Preis sicherte meine wissenschaftliche Arbeit für die nächsten sechs Jahre finanziell ab. Ich ließ mich also wieder in Österreich nieder und ganz auf meine Arbeit hier ein.

Mein Plan war, einerseits die Kognitionsstudien an zahmen Raben zu vertiefen. Andererseits wollte ich das Monitoring der Freilandraben in Grünau wieder aufnehmen und eine Langzeitstudie zu ihnen aufsetzen, die gegenwärtig immer noch läuft. Als ersten Schritt veränderten und vergrößerten wir die Volieren an der Konrad-Lorenz-Forschungsstelle. Allerdings bemerkte ich, dass hier manche Versuche nicht so umsetzbar waren, wie ich sie mir vorgestellt hatte. Es war schlicht nicht möglich, „Playback"-Experimente ungestört durchzuführen. In solchen Experimenten wird gemessen, wie ein Rabe auf eine vorgespielte Tonaufnahme reagiert. Unser Problem: Die freifliegenden Raben „redeten" immer mit – das war zu viel der Rufe!

Deshalb kam eine weitere große Volierenanlage mit Platz für etwa zwei Dutzend Raben am niederösterreichischen Haidlhof, nahe Bad Vöslau, als zweites Standbein unserer Rabenforschung dazu. Hier, an der gemeinsamen Forschungsstation von Universität Wien und Veterinärmedizinischer Universität Wien, liegt unser Fokus auf Raben in Volieren, mit denen wir langfristig arbeiten. Sie fragen sich vielleicht, warum es überhaupt notwendig ist, die Vögel einzusperren, wenn wir sie doch auch so beobachten und ihnen Aufgaben stellen könnten? Ich will versuchen, das anhand eines Beispiels zu erläutern.

Forschende auf der ganzen Welt haben folgende Bilder in Bezug auf Kolkraben – und um diese Art wird es in diesem Buch hauptsächlich gehen: Die Tiere leben entweder in Paaren, haben als solche ein fixiertes Territorium und brüten gemeinsam. Ein bisschen kann man sich das vorstellen wie bei uns Menschen: monogame Partnerschaften mit Kindern,

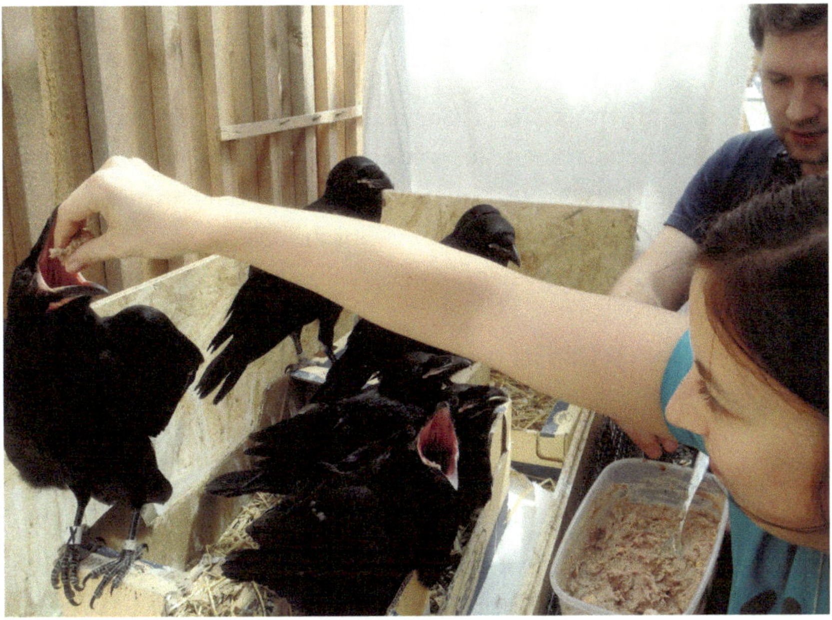

Jungraben kurz vor dem Ausfliegen: Laggie (vorne links im Bild oben, erkennbar am weißen Ring mit schwarzem X) wird von Miriam Sima mit der Hand gefüttert. Die meisten anderen Jungvögel sind bereits satt. Das Futter besteht aus einer Mischung aus Hackfleisch, Eiern und Mineralstoffen. Unten: Typisch für Jungraben sind ihre blauen Augen und der breite Schnabel mit knalliger, rosaroter Innenseite. Im Bild zu sehen sind Helios und Cassandros, bereits voll befiedert im Alter von 4-5 Wochen.

Einfamilienhaus und Garten. Oder aber sie rotten sich als jugendliche Raben zu größeren, sogenannten Nichtbrütergruppen zusammen, ziehen vagabundierend in der Gegend herum, bis sie dann im Alter von drei Jahren geschlechtsreif werden und sich ebenfalls eine Partnerin oder einen Partner suchen.

Dieses Bild ist nicht falsch. Allerdings gibt es da ein Problem mit den Details: In der längerfristigen Beobachtung freilebender Raben ergibt sich ein vielfältigeres Bild, es ist lebendiger und fluider.

Rund ein Drittel der Raben in den Nichtbrütergruppen ist nämlich viel älter. Es handelt sich um Tiere, die sich entweder noch gar nicht verpartnert haben oder aber verwitwet sind und sich nun – plötzlich allein – wieder einer Gruppe anschließen. (Über)lebt es sich im Verband der Gruppe etwa einfacher? Zudem gibt es auch innerhalb der Nichtbrütergruppen sehr enge Zweier-Beziehungen, die aber nicht so langlebig sind wie bei den Brutpaaren. Ist es zu zweit vielleicht einfacher, sich in der Rangordnung der Gruppe hinaufzuarbeiten? Die meisten Männchen verbünden sich mit einem Weibchen, andere hingegen mit einem anderen Männchen; praktisch nie geht ein Weibchen mit einem anderen Weibchen eine intensive Beziehung ein. Warum schließen sie solche Bündnisse und wie passt das zu ihrer vagabundierenden Lebensweise?

Wir sehen somit – teils unerwartete – Verhaltensmuster bei freilebenden Raben, korrelative Zusammenhänge, die wir aus wiederholten Beobachtungen herleiten können. Sie sind zwar ein wichtiger erster Schritt, erlauben aber keine kausalen Erklärungen. Zudem finden sich über Raben viele „Anekdoten". Als Anekdote gilt in der Wissenschaft jeder Einzelfall, der manchmal einfach purer Zufall ist. Wir Menschen täten gut daran, im Moment einer solchen Beobachtung – ob bei Tieren oder in anderen Situationen – kurz innezuhalten, ohne uns verlocken zu lassen, aufgrund eines Einzelfalls gleich einen Schluss zu ziehen. Denn solche unmittelbaren Schlussfolgerungen führen meistens bloß zu Vorurteilen, Mythen und Verschwörungstheorien. Bei Raben ist das etwa der Mythos der „Todesvögel", der bloß deshalb entstand, weil sie als Aasfresser einen Blick dafür entwickelt haben, wann ein Beutetier dem Tod nahe ist, und es deshalb auf seinen letzten Kilometern verfolgen. Solche und andere Mythen gibt es über Raben schon mehr als genug.

Für mich als Wissenschaftler hingegen werfen Beobachtungen wie die oben geschilderten zuallererst Fragen auf: Was finde ich zu einer beobachteten „Besonderheit", wie es miteinander verbündete Männchen sind, bereits in der Literatur? Bei Wissenschaftlern, die bereits vor mir Kolkraben beobachteten, wie Konrad Lorenz, Eberhard Gwinner oder Bernd Heinrich? Was wurde von diesen Forschern vielleicht nur als Nebenaspekt erwähnt? Wie könnte ich das entsprechende Verhalten, das mich interessiert, untersuchen oder gar experimentell nachweisen, welche Denkprozesse dahinterstecken? Wie kann ich zum Beispiel verstehen, welche Rolle Verbündungen in den Ranghierarchien in Rabengruppen spielen?

Genau hier kommen unsere Volieren-Raben ins Spiel: Mit ihnen können wir die Rangordnung experimentell überprüfen, die Wichtigkeit von Faktoren wie Partnerschaften und Verbündungen auf die Rangposition testen und Auswirkungen von Änderungen in der Gruppenstruktur sofort erkennen. Das war beispielsweise an unserer Räbin Astrid, zwölf Jahre alt, gut zu beobachten: Gemeinsam mit ihrem Partner Horst stand sie am Haidlhof sehr hoch im Ranking,

Astrid beim Brüten.

bis er plötzlich starb. Nun ist Astrid die Letzte in der Rangfolge. Diese Ergebnisse aus relativ konstanten Volierenbedingungen vergleichen wir wiederum mit Beobachtungen im Freiland. Dadurch haben wir erkannt: Auch freilebende Raben haben eine strikte Rangordnung, abhängig von ihren jeweiligen Partnerschaften und abhängig von ihrem Alter, aber nahezu unabhängig davon, wie stark oder weniger stark einzelne Tiere herumziehen.

Das führt sogleich zur nächsten Frage: Verstehen Raben auch die Beziehungen innerhalb der Nachbarsgruppen oder beschränkt sich ihr Wissen um die Rangbeziehungen auf ihre eigene Gruppe? Diese Frage haben wir mit Rabengruppen untersucht, die nebeneinander gehalten wurden – und einander somit beobachten, aber nicht miteinander raufen konnten. Anschließend haben wir ihr soziales Wissen über Rangbeziehungen mittels Playback-Experimenten getestet. Denn die sogenannte Reproduzierbarkeit eines Ergebnisses, dass also Versuche unter gleichen Bedingungen wiederholt zum selben Ergebnis kommen, ist ein wichtiges Kriterium für die Glaubwürdigkeit von Forschungsarbeit. In diesem Fall bestätigten die Experimente unsere Vermutung: Raben wissen tatsächlich über Rangbeziehungen anderer Raben Bescheid.

Für mich als Rabenforscher zeigen diese Ergebnisse: Es braucht beides. Es braucht das Beobachten im Freiland, das heutzutage auch technisch, zum Beispiel durch das Positionsbestimmungssystem GPS, unterstützt wird. Es ist wichtig, damit uns Muster im Verhalten der Tiere überhaupt erst einmal auffallen und um diese Muster beschreiben zu können – auch, wie die Muster von Faktoren in der Umgebung beeinflusst werden. Unsere Forschung muss schließlich auch ökologisch valide sein. Das bedeutet, dass sie auch in größe-

Schläfriger Jungrabe: Kurz nach dem Ausfliegen sind Jungraben bereits sehr aktiv, ermüden aber auch rasch. Sie schlafen dann auch mal auf der Schulter der Aufzieher ein, wie hier Thea bei Matthias (oben).

Rabenvoliere im Cumberland Wildpark: Diese richtungsweisende Voliere wurde Mitte der 1990er Jahre mit dem Ziel gebaut, Kolkraben nicht nur einem breiten Publikum zugänglich zu machen (Vorderansicht), sondern auch experimentell mit ihnen arbeiten zu können (Hinteransicht mit Versuchsabteilen; Fotos rechte Seite).

ren Zusammenhängen oder Betrachtungen ganzer Ökosysteme Sinn ergeben muss. Im Freiland bekommen wir also Hinweise darauf, welche Probleme wilde Raben haben und was ihr Leben ausmacht.

Wenn es dann aber darum geht, zu hinterfragen, was Raben wissen und erkennen können, wird es im Freiland schwierig. Dann brauchen wir die abgesicherten und kontrollierbaren Bedingungen des „Laborversuchs". Dieser findet bei unseren Raben aber praktisch nie wirklich in einem „Labor" statt, sondern bezieht sich eher auf die Haltungsbedingungen in der Voliere. Beim Beobachten von freilebenden Raben weiß ich nie, ob nicht vielleicht gerade Artgenossen zuschauen; ich weiß also nie, ob ihr Verhalten vielleicht gerade von anderen beeinflusst wird. Unter Versuchsbedingungen trennen wir die Volieren-Raben deshalb jeweils für ein paar Minuten von den anderen. Wir rufen sie dazu bei ihrem Namen in ein Trainingsabteil ohne Sichtkontakt zu ihren Gefährten. Sind die Tiere daran nicht gewöhnt, würden sie unter solchen Umständen nicht mitmachen – weil sie extrem nervös darauf reagieren, ihre Artgenossen nicht zu sehen. Wir trainieren sie daher darauf von klein auf, sonst klappen die Versuche später nicht.

Das ist also der entscheidende Punkt, warum die Volieren-Raben so wichtig für unsere Forschung sind: Nur mit ihrer Hilfe können wir Menschen erkennen, was Raben leisten können; allerdings müssen wir ihnen zuvor beibringen, mit uns zu arbeiten. Für unsere etwa zwei Dutzend Volieren-Raben bedeutet das auch Abwechslung: Sie bekommen in einem Trainingsabteil Denkaufgaben gestellt und dann eine Belohnung dafür. Wir Menschen tragen die Verantwortung, die Tiere so zu halten, dass sie ein möglichst natürliches Verhalten beibehalten können.

Raben als Trickser: Warum wir Sozialverhalten und Intelligenz parallel erforschen

An einem kalten, grauen Jännertag drehe ich wie etwa ein Mal pro Woche meine Begrüßungstour über das Gelände am Haidlhof. Hier leben etwa zwei Dutzend Raben, und jede Brutsaison kommen einige Küken dazu. Nobel und George, das erste Paar vorn, fliegen sofort auf eine der vordersten Sitzstangen in ihrer Voliere, als sie mich kommen sehen. Beide holen sich einen Leckerbissen durchs Gitter bei mir ab: Unsere Raben tun fast alles für ein Stück Frolic, Hunde-Trockenfutter in Ringform. Die zwei geben kurz einen relativ leisen Ruf von sich, von dem ich weiß, dass er der Begrüßung dient. Dann plustern sie sich auf. Mir ist auch kalt, ich setze meine dicke Wollhaube auf.

Aus der Gruppenvoliere ist lautes Gekrächz zu hören, wer wird da geärgert? Als ich mich neugierig nähere, ist auch die Aufmerksamkeit dieser Gruppe schnell bei mir – und den Leckerlis. Ich achte darauf, die Rangfolge zu beachten, und stecke jedem Vogel einen der kleinen Futterringe durchs Gitter. Sie nehmen ihn in den Schnabel und fliegen wieder weg. Einzelne versuchen ihr Glück gleich noch einmal und stellen sich wieder hinten an. Das Bemerkenswerte dabei: Keiner der Vögel frisst sofort. Die Beute wird zuerst im Kehlsack verstaut, denn die Raben haben noch einiges damit vor.

Raben sind Trickser. Manchmal könnte man fast glauben, die „Beute", die sie machen, ist nicht einfach Futter, sondern Mittel zu einem höheren Zweck. Unseren Volieren-Raben scheint es weniger ums Fressen zu gehen, als darum, Fressen zu verstecken und Verstecke anderer Artgenossen zu entdecken. Damit beschäftigen sich unsere Raben – und auch alle anderen im Freiland! – mit Hingabe. Besucherinnen und

Thomas Bugnyar und Nobel (oben).

Volieren am Haidlhof. Die Volierenanlage in der Nähe von Bad Vöslau, ein Kooperationsprojekt zwischen Universität Wien und Veterinarmedizinischer Universität Wien, wurde speziell für Kognitionsstudien an Rabenvögeln und Papageien entworfen (unten).

Besucher, die in die Voliere kommen, weisen wir gern darauf hin, weder Essbares noch Handy oder Schlüssel in offenen Taschen oder Hosentaschen mit hineinzunehmen – die Raben sind geschickt, Dinge zu entwenden. Meistens passiert das ganz unbemerkt.

Wir nutzen die Vorliebe der Tiere für diese Versteckspiele in unserer Forschung, um dabei mehr über ihre kognitive Leistung herauszufinden. Diese Arbeit mit den Raben haben wir ihrem – und unserem – Lebensrhythmus angepasst: Immer von Herbst bis Mitte Februar – im Wintersemester – arbeiten wir an kognitionswissenschaftlichen Versuchen. Für die Raben bedeutet das: Denksport. In dieser Zeit lässt es sich mit den Tieren angenehm arbeiten. Mit Winterende steigt dann aber der Testosteronspiegel. Das bedeutet, dass die Raben schnell abgelenkt sind und sich nicht so gut auf die ihnen gestellten Aufgaben konzentrieren können. Von Februar/März bis zum Juli legen wir unseren Fokus deshalb auf Untersuchungen von Sozial- und Familienleben der Vögel: In diesen Monaten sind sie mit Nestbau, Brüten und schließlich der Aufzucht des Nachwuchses beschäftigt.

Dieser Jahresrhythmus ist auch stark von meinem Forschungsinteresse geprägt: Mich interessiert die soziale Intelligenz der Tiere, also wie Sozialverhalten und kognitive Leistungsfähigkeit miteinander verflochten sind. Deshalb reichen mir isolierte, kognitionswissenschaftliche Experimente unter streng kontrollierbaren Bedingungen im Labor nicht aus. Es braucht zwar als Basis den Überblick: Was können Raben wahrnehmen und begreifen? Aber diese Erkenntnis wird für mich erst in der Anwendung spannend: Wie setzen die Tiere dieses Wissen in ihrem Alltag, im Familienleben, im größeren Sozialverband, beim Futterverstecken ein? Diese eine

Art, wissenschaftlich zu arbeiten, ist für mich ohne die andere nicht aussagekräftig.

Auch wenn Raben es lieben, uns zu überlisten – einmal im Jahr müssen *wir* die Raben „austricksen“: Nachdem im Frühjahr das Nest gebaut und die Eier gelegt sind, klettert jemand aus dem Team zur Brutnische hinauf und manipuliert das Gelege. Die Brutgröße von üblicherweise sechs Eiern verringern wir auf entweder zwei oder vier, um kleinere und größere Familien zum standardisierten Vergleich zur Verfügung zu haben. Unter den Bedingungen im Freiland werden Eier oder Jungtiere schließlich auch von anderen Tieren – am häufigsten von Uhu oder Marder – gefressen.

Und wenn dann die Küken geschlüpft sind: Wie erforschen wir ihr Verhalten und das ihrer Eltern? In der täglichen Praxis wird so eine abstrakte Fragestellung in mehrere Forschungsfragen aufgedröselt, zum Beispiel: Verhalten sich die Elternvögel zueinander anders, je nachdem, ob sie viele oder wenige Junge haben? Dahinter steht die Annahme: Mehrere Junge bedeuten einen größeren Aufwand und die Elternvögel sind zeitlich mehr eingebunden. Untersucht wird dann eine Fragestellung, die sich gleichermaßen auf menschliche Elternbeziehungen umlegen ließe: Welche Auswirkungen hat der Nachwuchs auf die Paarbeziehung der Eltern?

Wir messen, ob die Beziehung der Elterntiere intensiver oder vernachlässigt wird, wenn sie weniger Zeit füreinander haben. Wie oft kraulen sie einander, wie oft teilen sie ihr Futter? Erste Erkenntnisse zeigen: Wenn der Stress in puncto Kindererziehung steigt, investiert das Elternpaar mehr in die Partnerschaft – weil es sich offenbar evolutionär so entwickelt hat. Der Stress wäre wahrscheinlich noch höher, würde ein Partner abspringen. So ist es bei den Raben. Sie sind soziale Tiere, die monogam leben. Ohne das grob verallgemeinern zu wollen – aber diese Gemeinsamkeiten teilen sich auch mit den Menschen.

Mitte Juli die jungen Raben sind dann in einem Alter, in dem sie auch im Freiland bereits ohne Eltern unterwegs wären, kommen die Jungtiere aller Familien zusammen in eine neue Voliere, ohne Eltern. Hier stellt sich für uns eine weitere Forschungsfrage: Wie agieren Raben aus Kleinfamilien im Vergleich zu jenen aus Großfamilien? Erwartbar wäre ein Unterschied zwischen Einzelkindern und jenen Raben, die mit mehreren Geschwistern aufgewachsen sind. In Kleinfamilien sollte weniger Konkurrenzdruck herrschen bei weniger Kontaktmöglichkeiten – dafür sollten die sozialen Bindungen tiefer sein. Das würde bedeuten, dass Raben aus größeren Familien flexibler wären, sich in größeren Gruppen dann auch besser zurechtfinden. Aber zur Frage, wie die „Kinderstube" die kleinen Raben fürs weitere Leben prägt, ist noch vieles offen. Dies wird uns in den kommenden Jahren sicherlich noch näher beschäftigen.

Unser gemeinsamer Vorfahre war ein Kriechtier

Wenn es um Denk- und Entscheidungsprozesse verschiedener Lebewesen geht, sind die Meinungen manchmal recht eingefahren: Auf der einen Seite stehen „die Tiere", die immer noch als „instinktgetrieben" gelten. Ihnen attestieren viele, dass sie assoziativ dazulernen können – also Reize verknüpfen im Sinne des Pawlow'schen Hundes: Immer, wenn die Glocke läutet, gibt's Futter. Auf der anderen Seite sehen wir die Menschen mit ihrer breitgefächerten Intelligenz und der Möglichkeit, ihre Fähigkeiten miteinander zu kombinieren, als das Nonplusultra auf dieser Erde.

Was man bei so einer Betrachtungsweise gern aus den Augen verliert: Wir Menschen sind auch nichts anderes als eine Tierart unter vielen. Warum sollten wir uns als Primaten von anderen so sehr unterscheiden?

Ich bin durchaus von der menschlichen Einzigartigkeit überzeugt, sehe unsere Fähigkeiten aber nicht im Kontrast zu jenen von Tieren, sondern in einer unterschiedlichen Ausprägung. Im Lauf der vergangenen rund fünfzig Jahre stellte sich nämlich heraus: Sobald wir uns eine vermeintlich „typisch menschliche" Fähigkeit in der Forschung näher anschauen, sie in einzelne Aspekte aufdröseln, finden wir sie auch bei anderen Tieren! Singvögel sind etwa sehr gut im vokalen Lernen. Die meisten Primaten wiederum können zwar nicht lernen, Laute so spezifisch zu artikulieren, aber sie können sehr wohl ihre Bedeutungen lernen. Was den Mensch zum Menschen macht, ist, dass wir in der Lage sind, solche Fähigkeiten miteinander zu kombinieren: Wir können sprechen lernen und das Gesprochene verstehen.

Kognition als Leitgedanke meiner wissenschaftlichen Arbeit

Schon von klein auf liebte ich es, Tiere zu beobachten. Meine Mutter erzählte mir: Wenn wir bei einer Weide standen, konnte ich ihr innerhalb kürzester Zeit erklären, welche Kuh welche Pflanzen am liebsten frisst. Wie Tiere auf unterschiedliche Umwelteinflüsse reagieren, war offenbar schon früh mein Interesse – und ist es bis heute geblieben.

Ich studierte also zunächst Biologie und dann Zoologie und entwickelte mich schließlich in Richtung jenes Faches, das wir heute als Verhaltensbiologie – oder Ethologie – bezeichnen. Diese splittet sich in mehrere Fachbereiche auf. Die Verhaltensökologie geht etwa der Frage nach: Was ist die Funktion bzw. der Anpassungswert von bestimmten Verhaltensweisen? Die Verhaltensphysiologie hingegen fragt: Auf welchen Mechanismen beruhen Verhaltensweisen? In meiner Forschung bevorzuge ich einen ganzheitlichen Ansatz, weil mich beides interessiert – sowohl ökologische als auch mechanistische Fragen. Zudem habe ich noch eine weitere mechanistische Schiene integriert – die Kognitionsbiologie: Was nehmen Tiere wahr, wie verarbeiten sie Information, woran erinnern sie sich, wie denken sie? An der Universität Wien habe ich als frischgebackener Professor für „kognitive Ethologie“ mit meinen Kollegen Tecumseh Fitch und Ludwig Huber das Department für Kognitionsbiologie mitbegründet. Vor zwei Jahren haben wir uns mit Kolleg*innen aus der Verhaltensbiologie in einem übergreifenden Department für Verhaltens- und Kognitionsbiologie zusammengeschlossen.

Mit diesem biologischen Hintergrund ist es für mich unwahrscheinlich, dass menschliche kognitive Fähigkeiten „aus dem Nichts“ kommen, vielmehr sollte es eine evolutionäre

Basis dafür geben. Diese Fähigkeiten müssen sich aufgrund der Bedingungen, unter denen wir leben, über lange Zeiträume entwickelt haben. Dieser evolutionäre Grundgedanke leitet meine Arbeit zur Erforschung tierischer Intelligenz.

Es gibt prinzipiell zwei Zugänge zur Erforschung von Tieren – und viele Variationen dazwischen: Ein Ansatz ist, durch die wissenschaftliche Arbeit am Tier direkt etwas über uns Menschen herauszufinden, wie beim klassischen medizinisch-pharmazeutischen Tierversuch, bei dem man etwa Medikamente erst an Mäusen testet, bevor sie Menschen verabreicht werden. Der andere Ansatz erforscht Tiere um der Tiere willen – auch ganz ohne unmittelbaren Bezug zum Menschen.

Ich verfolge mit meiner Forschung eher zweiteren Ansatz. Wobei darin schon auch die Frage mitklingt, inwieweit das Verhalten bzw. die kognitiven Leistungen von bestimmten Tieren Auskünfte über uns Menschen geben können. Bei unseren nächsten Verwandten, den Menschenaffen, ist das intuitiv nachvollziehbar: Wenn etwa Schimpansen, Bonobos und Menschen bestimmte Fähigkeiten zeigen, andere Affenarten aber nicht, liegt es nahe, dass diese Fähigkeiten auf einen gemeinsamen Vorfahren der Menschenaffenarten zurückgehen.

Aber wie argumentiert man dann bei Raben? Im Fall von Vogel und Mensch handelt es sich beim letzten gemeinsamen Vorfahren um ein Kriechtier, das vor über 300 Millionen Jahren lebte. Von ihm ausgehend haben sich im Laufe der Evolution aufgrund unterschiedlicher Anforderungen und Lebensbedingungen jeweils unterschiedliche Merkmale und Fähigkeiten herausgebildet und immer weiter ausdifferenziert. Andere hingegen sind gleich geblieben oder, noch interessanter, haben sich einander wieder angeglichen.

Solche Phänomene der Ähnlichkeit werden als Konvergenz bezeichnet, ein wichtiger Fachbegriff der Evolutionsbiologie. Wie aber kam es zu Konvergenzen, welche „Umformung“ von Körpern, von Verhalten oder kognitiven Leistungen hat im Laufe der vergangenen Jahrmillionen unabhängig voneinander – zum Beispiel bei Raben und Menschen – stattgefunden – und trotzdem zu einem ähnlichen Ergebnis geführt. Und warum? Als Biologe formuliere ich diese Frage folgendermaßen: Welche unterschiedlichen oder ähnlichen „Selektionsdrücke“ – zum Beispiel Einflüsse aus der Umwelt oder durch das soziale Umfeld – haben hier gewirkt, auf Raben wie auf Menschen?

Eine Möglichkeit ist, dass unser beider Sozialsysteme – bei all den offensichtlichen Unterschieden – einen ähnlichen Grad an Komplexität erreichten und damit ihre Individuen vor ähnliche Probleme stellten. Das könnte dazu geführt haben, dass wir – Rabenvögel und Primaten – diese besondere Form der Intelligenz entwickelt haben. Im Kern ist diese Annahme das, was wir in der Kognitionsbiologie unter „Soziale-Intelligenz-Hypothese“ verstehen. Genau damit beschäftige ich mich in meiner Forschung.

Aus Überlegungen wie diesen entstehen unsere Hypothesen, die wir in Beobachtung und Versuch widerlegen oder beweisen wollen. Dabei geht es nicht darum, ob Raben „besser“ oder „schlechter“ als Menschen sind. Für mich steht stets im Vordergrund, dass ich wissen möchte, was ein Rabe tut und warum er es tut. Aus vielen Puzzlesteinen ergibt sich dann nach und nach ein Bild, das uns auch für das Einschätzen und Erklären von menschlichem Verhalten weiterhilft.

Raben halten uns einen Spiegel vor. Ob in Erkenntnissen aus jahrelangen Forschungsprojekten oder durch eine überraschende Begebenheit bei der täglichen Arbeit: Mich bringen sie immer wieder zum Staunen. Es ist bemerkenswert, dass wir bei all unserer Andersartigkeit mit diesen Wildtieren kommunizieren können. Der vermeintliche Widerspruch – dass sie uns gleichzeitig sehr ähnlich und doch ganz fremd sind – eröffnete mir als Forscher ein faszinierendes Beschäftigungsfeld. Ich befinde mich auf einer Reise, auf deren Weg ich die Raben immer besser verstehen lerne. Wenn Sie möchten, nehme ich Sie ein Stück auf diese Reise mit.

2

Raben verstehen mehr, als wir denken

Soziale Fähigkeiten und ausgeprägte Angst vor Neuem: Tiere mit starken Charakteren

Nach ein paar Wochen Abwesenheit besuche ich Munin in seiner Voliere. Zum Einstand habe ich ein Stück Käse mitgebracht und ziehe es aus meiner Tasche. Käse und auch gekochtes Ei mögen unsere Raben besonders gern. Gierig fährt er mit seinem Schnabel hin. Weil die Gefahr besteht, dass er dabei meine Hand erwischt – und ich sein gieriges Verhalten auch nicht noch belohnen will –, ziehe ich sie im letzten Augenblick weg. Munin hat also weder Käse noch Finger. Stattdessen schaut er mich aufmerksam an und sagt „Aua". „He, fast hätte *ich* ‚Aua' gesagt", gebe ich unwirsch zurück – und falle aus allen Wolken. Hat Munin etwa verstanden, was da gerade passiert ist, und möchte eine Rückmeldung von mir?

Begebenheiten wie diese inspirieren mich, sie bringen mich zum Nachdenken. Denn sie zeigen deutlich: Raben sind keine „Automaten", die reflexartig auf Reize reagieren. Was sie tun, lässt sich nicht ausschließlich auf Instinkte zurückführen. Sie leben ihre Leben auch nicht in einer von unserer Menschenwelt abgekapselten Sphäre. Nein, wir können Kontakt zu ihnen aufnehmen. Sie verstehen Zusammenhänge, Emotionen und leben in ständigem Austausch mit ihrer Umgebung, ob diese nun Wildnis oder urban ist.

Raben sind Singvögel. Wenn Vögel singen – oder auch krächzen –, werden diese Laute zum Unterschied von uns Säugetieren nicht im Kehlkopf, sondern im Stimmkopf gebildet, in der Fachsprache auch Syrinx genannt. Dieser Stimmkopf sitzt an der Stelle, wo sich die Luftröhre in die beiden Bronchien teilt. Vereinfacht gesagt können die Wände der Luftröhre zum Schwingen gebracht werden; die Singvögel erzeugen auf diese Weise ihren Gesang.

Für Raben wäre die Bezeichnung „Sprechvögel" aber womöglich treffender: Sie „singen" nicht in strengem Sinn, verfügen aber über ein großes Repertoire an arttypischen Lauten von „rap" bis „klong", das sie im Gespräch mit Artgenossen verwenden. Und sie sind immer bereit, neue Laute dazuzulernen. Während das bei manch anderen Vogelarten nur innerhalb eines bestimmten Zeitfensters möglich ist, erfinden oder erlernen Raben zeit ihres Lebens immer wieder Neues.

Im Laufe dieses Buches werden Sie einiges über mich erfahren. Sie werden aber auch viele der Raben kennenlernen, mit denen ich seit Jahren, teils Jahrzehnten zusammenarbeite. Zuallererst sind das für mich Hugin und Munin, jene nach ihrem Schlupf 1995 handaufgezogenen Brüder, die mich schon bei meinen ersten Experimenten begleiteten. Ihre Namen sind übrigens der nordischen Mythologie entlehnt; Hugin und Munin sind nach dieser Überlieferung die Raben Odins, die als Götterboten Weisheit und Wissen verkörpern.

Die beiden waren zwei starke Charaktere. Zu welchen Einsichten die mich gebracht haben! Hugin war ein „High-Performer", eines jener besonderen Tiere, die uns Kognitionsbiologen zeigen, was einer bestimmten Tierart alles möglich ist. Mit ihm arbeitete ich zwanzig Jahre lang zusammen. Er verpaarte sich und blieb bei uns in der Volierenhaltung.

Wie auch Munin – zuerst. Doch er verlor sein Weibchen und fand keine neue Partnerin. Wohl auch aufgrund dieser Einsamkeit begann er, einzelne Wörter wie das oben erwähnte „Aua" zu sprechen. Der übliche Kontext, in dem Raben neue Laute in ihre Kommunikation einbauen, ist der Austausch mit dem Paarpartner. Sie geben damit ein wenig voreinander an, wollen einander imponieren, imitieren sich auch gegenseitig. Munin hatte keinen Rabenpartner mehr, wollte aber dennoch interagieren. Ich vermute, er äußerte deshalb mir gegenüber sein „Aua".

Ich hätte gern auch Munin in der Voliere behalten. Da das ohne Weibchen auf Dauer für ihn aber nicht zumutbar war, ließen wir ihn stufenweise in den Freiflug gehen. Mir war stets bewusst, dass das mit einem gewissen Mortalitätsrisiko verbunden war – Munin könnte einfach nicht mehr zurückkommen. Schon nach zwei Monaten war das leider auch der Fall: Er wurde in Grünau von einem Beutegreifer erwischt. Seitdem bin ich sehr vorsichtig, Vögel in den Freiflug zu lassen, die vorrangig die Voliere kennen. Unseren Jungvögeln aber, die in der Voliere von ihren Eltern aufgezogen wurden, geben wir zu jenem Zeitpunkt, wenn es auch den natürlichen Umständen entspricht, das ist im Alter von etwa vier bis fünf Monaten, sehr wohl die Möglichkeit, sich abzusetzen.

Hugin

Noch ein Wort zu den Namen unserer Raben: Viele Forschungskolleg*innen sind der Meinung, wir als Wissenschaftler*innen sollten den Tieren keine Namen geben, um ihnen gegenüber möglichst neutral zu bleiben. Da individuelle körperliche Unterschiede zwischen Männchen und Weibchen bei Raben schwach ausgeprägt sind – Weibchen sind geringfügig kleiner, aber das war's auch schon wieder – und zudem durch unterschiedliche Federstellungen leicht maskiert werden können, ist für unsere Verhaltensbeobachtungen eine Markierung mit Flügelbinden oder Farbringen an einem Fuß samt individuellem Code unbedingt nötig. Natürlich könnten wir sie auch einfach als „A", „B" und „C" bezeichnen – aber diese Tiere sind Persönlichkeiten. Den Raben keinen Namen zu geben feit uns nicht davor, sie als solche wahrzunehmen.

Für uns Forschende machen es Namen auch einfacher, den Überblick zu behalten. Wir vergeben für die bei uns in der Voliere geborenen Tiere „Familiennamen" nach Themen – die vier Jungen aus der „Tanz"-Familie heißen dann zum Beispiel Rumba, Foxtrott, Samba und Salsa; jene aus der „Käse"-Familie mit nur zwei Küken Mozzarella und Cheddar. Würden sie wie die berühmte Wölfin „832AF" im Yellowstone-Nationalpark in den USA ausschließlich mit einem Code bezeichnet, dann wandelte sich eben dieser Code in eine Bezeichnung, die wir als Namen wahrnehmen.

Deshalb möchte ich offen damit umgehen: In jede Art von Bezeichnung lässt sich etwas hineininterpretieren. Es liegt in unserer menschlichen Natur, das zu tun. Wenn wir uns dessen bewusst sind, können wir reflektiert und überlegt damit umgehen. Das bedeutet vor allem: uns selbst bei unserer Arbeit mit den Tieren, beim Interpretieren von Ergebnissen eines Versuchs, beim Schlussfolgern immer wieder zu hinterfragen.

Über Corviden: Ein Steckbrief der Raben

Besucher*innen, die zu uns auf den Haidlhof kommen, fragen uns häufig: „Sind eure Krähen so klein oder eure Raben so groß?“ Früher sah man Rabe und Krähe oft ganz selbstverständlich nebeneinander. Heute sind die Raben rar geworden. Und deshalb kommen uns die Krähen ohne den Größenvergleich riesig vor.

Dabei sind die Kolkraben – und von ihnen ist ja in diesem Buch die Rede – die größten unter den Rabenvögeln. Sie beeindrucken mit einer Flügelspannweite von bis zu 120 Zentimeter. Und auch die Spannweite ihres Lebensraumes ist imposant: Raben sind außergewöhnlich weit verbreitet, praktisch in der gesamten nördlichen Hemisphäre. Oder sollten wir sagen: Sie *waren* es? Vielerorts gibt es heute wieder Bestände, aber bis Mitte des 20. Jahrhunderts wurden sie vom Menschen als Niederwild oder potenzieller Jagdkonkurrent verfolgt – bis sie kurz vor der Ausrottung standen.

Zu den Rabenvögeln, in der Fachsprache auch „Corviden“ genannt, zählen folgende Arten: die Rabenkrähe, die verwirrenderweise auch oft „Rabe“ genannt wird und dem Kolkraben noch dazu sehr ähnlich sieht. Allerdings ist sie etwa halb so groß; genauso wie die Nebelkrähe, benannt nach ihrem grauen Rumpfgefieder. Die beiden sind Schwesternarten und verpaaren sich auch untereinander.

Saatkrähen wiederum erkennt man daran, dass sie rund um den Schnabel keine Federn haben. Das hängt damit zusammen, dass sie viel im Boden herumstochern. Bei ihnen handelt es sich um eine kolonialbrütende Art von bis zu mehreren hundert Individuen pro Trupp. Im Gegensatz zu den territorialen Arten legen Saatkrähen ihre Nester nämlich dicht nebeneinander in Bäumen an. Die drei anderen

Arten können (als Nichtbrüter) auch in Gruppen auftreten, zählen dann aber meistens nicht mehr als fünfzig Tiere. Ab etwa hundert Vögeln kann man sich als Beobachter recht sicher sein: Das sind Saatkrähen. Oft sind in solchen Schwärmen auch noch kleinere gräuliche Vögel dabei; es handelt sich hierbei um Dohlen, unsere kleinsten Rabenvögel, die sich gerne mit Saatkrähen vergesellschaften.

Und dann gibt es noch die bunten Rabenvögel, die wie Kolkraben, Raben- und Nebelkrähen eher einzeln, in Paaren oder kleinen Trupps zu beobachten sind: Elstern und Häher. Dazu kommen die beiden Gebirgsarten Alpendohle und Alpenkrähe mit ihren leuchtend gelben bzw. roten Schnäbeln.

Die meisten Rabenvögel, so auch der Kolkrabe, sind – wie Taube oder Waschbär – „Kulturfolger". Das heißt, sie fühlen sich in der Nähe menschlicher Siedlungen wohl. Weil dort für sie einiges abfällt, in erster Linie: Müll. Was uns schon verdorben scheint, ist dem Aasfresser oft ein Leckerbissen. Raben sind ungeheuer anpassungsfähig, auch im Suchen und Erschließen von Futterquellen. Deshalb sind sie in derart vielen unterschiedlichen Lebensräumen weltweit zu Hause.

Eine Frage, mit der ich mich als Rabenforscher auch auseinandersetzen muss: Wie sieht eine artgerechte Haltung für so anpassungsfähige Tiere wie Raben aus? Wir streben an, unseren Tieren Lebensbedingungen zu bieten, die jenen im Freiland stark ähneln; sowohl hinsichtlich saisonaler Zyklen als auch sozialer Strukturen oder in Bezug auf die Ausstattung der Volieren. Neben den etwa zwei Dutzend Volieren-Raben am Haidlhof forschen wir auch an einem Rabenpaar im Tiergarten Schönbrunn und an den Tieren im oberösterreichischen Cumberland-Wildpark Grünau.

Für den Tagesablauf der Raben in der Voliere gilt zum Beispiel: je weniger Routine, umso besser! Ein „gesundes"

Frühstück steht aber täglich am Plan – gesund heißt für Raben: Müsli aus verschiedenen Saaten, Früchte und Gemüse. In der Forschungssaison von Herbst bis Mitte Februar gibt es danach vormittags und dann später auch noch nachmittags mehrmals pro Woche Trainingssessions mit Leckerlis. Danach wird ein deftiges Abendessen serviert – Fleisch in verschiedenen Varianten, Hühnerköpfe, Schweinshaxen oder Eier.

Im Jänner 2022 besuche ich Kofi und Jeanny am Haidlhof, ein frischgebackenes Pärchen, für das wir gerade eine neue Voliere angelegt haben. Kofi hatte aufgrund einer Krankheit einen schwierigen Start ins Leben, Jeanny stammt aus einer Privathaltung, sie kam über die Pflegestation Haringsee zu uns. Die beiden haben sich in der Nichtbrütergruppe angefreundet. Wir geben den Tieren die Möglichkeit, einander in der Gruppe selbst zu finden, um sich zu verpaaren. Danach müssen wir sie herausnehmen, damit sie nicht soziale Unruhe stiften, indem sie andere Raben aus „ihrem" Territorium vertreiben wollen, und selbst in Ruhe brüten können.

Diese Art der „Beziehungsanbahnung" – die Tiere haben in der Gruppenhaltung wie im Freiland lange Zeit bzw. keinen Druck, sich einen Partner zu wählen – hat sich am Haidlhof bewährt: Wir verzeichnen einen Bruterfolg bei allen bisher so formierten vierzehn Paaren. Zum Vergleich: Wenn man alleinstehenden Raben Artgenossen „zuführt", besteht nur eine etwa Fünfzig-Prozent-Chance, dass die beiden sich verstehen – oder eben nicht.

Als ich Kofi und Jeanny nun am Tag nach ihrem Umzug besuche, staksen die beiden in der Wiese herum. Sie ignorieren mich geflissentlich. Weil es ihnen im neuen Zuhause zu zweit so gut gefällt? Oder weil das Gegenteil der Fall ist? Ich weiß es noch nicht.

Ihre Voliere ist so wie die anderen am Boden möglichst strukturiert, neben der Grünfläche gibt es auch Bereiche mit Sand und Schotter. Das Stochern in den Steinchen tut dem Schnabel gut, das Darübergehen wirkt wie Pediküre. Bäume wachsen aus dem Boden, Totholz liegt herum und schwingende Äste sind als Sitzstangen auf verschiedenen Höhen angebracht – schwingend deshalb, damit die Vögel beim Anfliegen nicht verlernen, ihr Gleichgewicht auszutarieren. Unter die beliebtesten Sitzplätze legen wir bei Bedarf übrigens Betonplatten, um ohne großen Aufwand an Kotproben zu kommen. Solche Proben sind nötig, um die Tiere regelmäßig auf Parasiten zu untersuchen oder Hormonproben zu nehmen.

Was die Raben gar nicht mögen, sind Neuheiten in ihrem Quartier. Sie sind extrem neophob – das heißt, sie weichen Neuem lieber aus. Sicherheitshalber. Eine Zeit lang nahm ich auf diese Aversion stets Rücksicht. Wir räumten alles aus dem Weg, was sie hätte irritieren können. Mit der Folge, dass die Neophobie bei den Tieren sich steigerte und wir bei unseren Studien größte Probleme hatten, bisher unbekannte Objekte einzusetzen.

Weiß man von dieser Neophobie, erscheint eine neue Voliere eigentlich als Zumutung für die Raben. Aber eine völlig neue Umgebung dürfte gar nicht das Problem sein, es geht offenbar eher um Neuheiten oder neue Strukturen innerhalb der gewohnten Umgebung. Dann dauert es schon einmal mehrere Tage, Wochen oder sogar Monate, bis die Raben einen neuen „Einrichtungsgegenstand“ – etwa eine Schaukel – akzeptieren.

Seitdem wir das wissen, bekommen die Tiere regelmäßig befremdliches „Spielzeug“ vorgesetzt, aktuell sind es schwarze Blumentöpfe für Kofi und Jeanny. Demnächst ist

Aussicht von der alten Konrad Lorenz Forschungsstelle
Richtung Totes Gebirge: Gleich hinter dem Almfluss beginnt der Cumberland Wildpark, im Vordergrund zu sehen sind Graugänse.

es vielleicht eine kleine Holzbox, damit die Vögel dann im Herbst mit jenem Masterstudenten, der einen Versuch damit plant, kooperieren. Die Raben brauchen diese „Vorlaufzeit“ mit neuen Materialien. Die Besonderheiten der Tiere müssen wir auch für unsere Forschungsarbeit berücksichtigen.

Bei anderen Faktoren tun wir uns in der Volierenhaltung schwerer: Was die Größe der Gehege betrifft, kommen wir natürlich nicht an die Lebensräume der Raben im Freiflug heran. Die Volieren sind zwischen 80 und 120 Quadratmeter groß, drei bis fünf Meter hoch, die großen Haltungsvolieren in Grünau sind an der höchsten Stelle sieben Meter hoch. Der Superlativ der Haltung ist in Schönbrunn zu finden: Dort residieren die Raben auf einem eigenen Waldstück: Das begrenzende Metallnetz ist an extra herangeschafften Stämmen montiert.

Im Freiland hätten Rabenpaare aber noch viel weitläufigere Territorien, die einige Quadratkilometer groß sein können. Die riesigen Flächen, die freilebende Raben überblicken, dürften erwachsenen Tiere, die in Gefangenschaft geschlüpft und dort mehrere Jahre aufgewachsen sind, aber auch nicht wirklich fehlen, schließlich haben sie die Weitläufigkeit – manche würden vielleicht sagen: Freiheit, was aber wohl in erster Linie ein menschliches Konzept ist – auch nicht kennengelernt. Sind sie älter, fällt es ihnen sehr schwer, sich im Freiland zurechtzufinden.

Ich habe das bei Munin beobachtet: Er hat sich lange standhaft geweigert, frei zu fliegen. Grundsätzlich kam er zwar gerne aus der Voliere heraus, saß bei mir oder einem anderen vertrauten Menschen auf der Schulter, begab sich – wenn er genug hatte – aber von allein wieder zurück in den geschützten Bereich der Voliere. Er traute sich nicht, eine größere Runde zu fliegen.

Bis dann eines Tages auf der Wiese vor Munins Voliere in Grünau die Waldrappe da waren, diese großen schwarzen Ibisse. Sie flogen plötzlich – vielleicht aufgrund eines ungewohnten Geräuschs – gemeinsam auf und Munin, offenbar aus einem „Herdendruck" heraus, flog mit ihnen mit. Einmal in der Luft, schien ihm die Situation aber rasch bedenklich zu werden. Schon steuerte er den nächsten großen Baum an. Dort sicher gelandet, machte er seiner Aufregung durch laute Schreie Luft, blieb aber auf seinem Ast sitzen.

Am Abend saß er immer noch dort. Und wir fragten uns langsam, ob er sich vielleicht nicht mehr heruntertraute. Ein ausgewachsener Rabe, der sich nicht zu fliegen traut?

Meine Kollegin Gudrun Kabicher, die ihn handaufgezogen hatte, kletterte auf den Baum. Und siehe da: Munin kam auf ihre Schulter und ließ sich offenbar lieber mit einem zweibeinigen Taxi zurück zu seiner Voliere bringen. Von da an zog er aber zunehmend größere Runden und schien den Freiflug immer mehr zu genießen, was ihm schließlich doch zum Verhängnis wurde.

Wir Rabenforscher*innen machen unsere Arbeit in dem Bewusstsein, was wir den Tieren schuldig sind: Sie sollen auch innerhalb der Begrenztheit einer Voliere ein möglichst angenehmes Leben verbringen. Wenn Kofi und Jeanny heuer gemeinsam brüten, können wir davon ausgehen, dass sie zusammenbleiben möchten. Das passiert genauso draußen in der Natur und wir versuchen diese wie viele andere Bedingungen in der Haltung zu simulieren. Auch ohne gemeinsamen Nachwuchs bleiben Paare oft über mehrere Jahre zusammen – aber erst der Bruterfolg schweißt sie so richtig zusammen. Oft dann für ihre ganze Lebensdauer von zwanzig bis dreißig Jahren.

Interessiert, aber vorsichtig: Romy inspiziert einen neuen Plastikbehälter, in den die Forschenden einige Leckerli – konkret Trockenhundefutter – gegeben haben.

Was macht Raben für die Kognitionsforschung so besonders?

Am Haidlhof wie an der Konrad-Lorenz-Forschungsstelle in Grünau arbeiten wir auch mit anderen Vogelarten: zum Beispiel mit neuseeländischen Keas, einer extrem verspielten und neugierigen Papageienart, oder mit Graugänsen und Waldrappen. An unseren Raben ist für mich allerdings beeindruckend, wie sehr sie einem das Gefühl des Beobachtetwerdens vermitteln. Immer wieder entsteht bei mir der Eindruck: Ich weiß jetzt nicht, wer von uns wem zuschaut.

Die meisten Vögel nehmen uns natürlich auch wahr, aber ihnen geht es wohl primär darum einzuschätzen: Kann ich diesen Menschen an mich heranlassen? Das ist für Raben als Erstes wichtig. Aber kaum haben sie einen als „nicht gefährlich" eingestuft, ist für Raben als Nächstes interessant: Okay, und was macht der jetzt so? Beziehungsweise: Was kann ich mit ihm machen? Kea reagieren übrigens ähnlich auf Menschen, nur gehen sie gleich zur Erkundung über und lassen die Neophobiephase aus.

Was uns heute im direkten Umgang mit den Raben als selbstverständlich erscheint – jedenfalls kommt es mir so vor, wenn einer von ihnen auf meiner Hand sitzt und mich aufmerksam anschaut –, war in der Wissenschaft lange verpönt. Kaum jemand hat sich die Mühe gemacht, kognitive Experimente mit Raben oder anderen Vögeln anzustellen, denn es galt lange alles andere als karrierefördernd, die Intelligenz eines Vogels ernsthaft erkunden zu wollen.

Warum es dann doch dazu kam? Weil wir endlich begannen, vor Langem gefasste Vorurteile zu hinterfragen. Weil wir begannen, uns Fragen über die kognitiven Fähigkeiten von Tieren zu stellen. Weil wir ihnen mehr Aufmerksamkeit schenkten und damit plötzlich noch viel mehr Fragen auftauchten. Aber kümmern wir uns doch zuerst um die Vorurteile.

Vorurteil I: Raben haben ein Spatzenhirn!

Diese Behauptung ist natürlich eine Provokation. Auch Spatzen haben kein „Spatzenhirn" im sprichwörtlichen Sinn. Wenngleich die wissenschaftliche Lehrmeinung lang in diese Richtung ging: Als ich mit meinen Rabenforschungen begann, war noch nicht klar, dass ein Vogelhirn auf eine Art und Weise gebaut ist, die komplexe Wahrnehmungs- und Denkleistungen möglich macht. Und das, obwohl es eine Unzahl an Anekdoten gab, die darauf hindeuteten. Vor allem die Fallstudie an einem Graupapagei stellte die Lehrmeinung gehörig infrage.

Die Rede ist von Alex. Von ihm haben Sie vielleicht schon gehört, er darf praktisch in keinem Buch über tierische Kognition fehlen: Alex war der Graupapagei der US-amerikanischen Forscherin Irene Pepperberg, die ihn über mehrere Jahrzehnte seines Lebens wissenschaftlich begleitete. In Verhaltensstudien wies Irene nach, dass Papageien nicht einfach nur „nachplappern" müssen, was sie anderswo aufschnappen, sondern dass Alex in der Lage war, sich ein großes Vokabular anzueignen und die erlernten Wörter auch zusammenhängend und sinnstiftend zu gebrauchen.

Ein Malheur: Pepperbergs Erkenntnisse ließen sich mit dem damals aktuellen Stand der neurobiologischen Forschung nicht und nicht in Einklang bringen. Schließlich hieß es zu dieser Zeit: Für komplexes Denken ist der Cortex, die Großhirnrinde bzw. deren größter Teil, der Neocortex, zuständig. Diese Hirnrinde macht mit ihren Schichten und Furchen die charakteristische Erscheinung unseres Säugetiergehirns aus, wie wir es von Abbildungen kennen. Den Vögeln hingegen fehlt dieser Cortex – also dürften sie auch nicht denken können, so die jahrzehntelange Annahme. Alex wurde als geniale Ausnahme abgetan.

Doch diese Annahme entpuppte sich als Irrtum. Da sich die Gehirne der Säugetiere und die der Vögel rund 300 Millionen Jahre lang unabhängig voneinander entwickelten, stellte ein Konsortium von Neurobiolog*innen unter der Leitung von Erich Jarvis und Onur Güntürkün schließlich Mitte der Nullerjahre richtig, dass Aufbau und Struktur des Vogelgehirns anders zu interpretieren sind als jene von uns Säugern.

Bei den Vögeln haben sich spezielle Gehirnregionen wie das Meso- und Nidopallium vergrößert, die funktional denen unseres Cortex entsprechen. Die Nervenzellen sind hier aber viel enger gepackt und nicht „laminar“ in Schichten angeordnet, sondern „nuklear“, sie befinden sich also in einer Art Kernstruktur. Keine dieser beiden Bauweisen ist übrigens der anderen überlegen. Vogelgehirne sind zwar kleiner, aber auch kompakter. Die Menge der Gehirnzellen der Raben und Papageien ähnelt etwa jener von Kapuzineraffen und Makaken.

Die Begründung, es sei nicht nötig, die Intelligenz der Raben zu erforschen, weil ihre Gehirne ohnehin nicht leistungsfähig wären, gilt jetzt also seit etwa zwanzig Jahren definitiv nicht mehr.

Vorurteil II: Raben sind doch nicht sozial!

Wer eine Doktorarbeit schreibt, muss diese auch als Konzept vorstellen – so war es bei mir vor fünfundzwanzig Jahren, so ist es heute noch. Und das ist auch gut so. Das Problem bei meiner Konzeptvorstellung war allerdings: Ich wollte etwas zur sozialen Intelligenz von Raben herausfinden, was der damaligen Lehrmeinung entgegenstand. Der zufolge lebten die Tiere in Einehe – und die Nichtbrütergruppen waren zufällige Ansammlungen von Individuen an Fress- oder Schlafplätzen. Was sollte an solch einer Konstellation „sozial intelligent" sein?

Nun ja, sagte ich damals – und wollte damit meine erfahreneren Kolleg*innen keinesfalls provozieren! Vielmehr ging es mir um das Hinterfragen vermeintlich fixer Annahmen, denen bisher einfach nur wenig Aufmerksamkeit geschenkt worden war. Vielleicht, sagte ich also, vielleicht unterschätzen wir ihr Sozialsystem. Raben interagieren schließlich auch mit ihren Nachbarn und in den Gruppen treffen gewisse Tiere einander immer wieder – ist es dann nicht unrealistisch, sich diese als anonyme Zusammenschlüsse vorzustellen? Könnte es nicht sein, dass Rabengruppen sozial strukturiert sind? Dass sie aus Individuen bestehen, die einander schätzen, wie Freunde und Verwandte, und Individuen, die einander nicht mögen? Dafür bin ich bei der Vorstellung des Konzepts für meine Doktorarbeit noch kritisiert worden.

Heute ist es nicht mehr verpönt, zur höheren Kognition von Raben bzw. Vögeln zu forschen – und ihre Intelligenz auch mit ihrem Sozialleben in Verbindung zu bringen. So wie es sich bei Alex, dem Graupapageien, herausstellte: Er ist nicht nur fähig, etwas auswendig zu lernen, sondern er kann auch verstehen, was er sagt. So wissen wir heute auch, dass Raben in komplexen Gruppen leben, die ihnen sozial einiges an Grips abverlangen.

Rabenvögel sind diejenige Tiergruppe, die laut aktueller Literatur am ehesten an die kognitiven Leistungen von Primaten herankommt – wenngleich die Papageienliteratur zuletzt eine rasante Aufholjagd gestartet hat! Dank der Untersuchungen ihres Soziallebens haben sich meine gewagten Annahmen von damals weitgehend bestätigt. Für mich ist es vor allem auch eine Bestätigung meiner forscherischen Vorgehensweise: Wohin man sich auch wendet, wohin man auch seine Aufmerksamkeit richtet, man findet dort stets weitere Details, die davor völlig unbekannt waren – und plötzlich doch relevant sind.

Intelligenz und Neophobie: Raben sind vorsichtig – aus gutem Grund!

Ein Jahr nach dem Start meiner Forschungen in Grünau habe ich die lokale freilebende Rabengruppe gut an meine Anwesenheit bei den täglichen Fütterungen der Wildparktiere gewöhnt. Vor allem die Wildschweinfütterung bietet diesen Raben ein reichliches und abwechslungsreiches Buffet. Ich stehe morgens, noch bevor der Tierpark öffnet, am Zaun, vor mir tummeln sich etwa fünfzig Raben und ich protokolliere ihr Verhalten. Als sie zwei Besucher um die Kurve biegen sehen, fliegen alle Vögel auf und ziehen sich zurück. Als die beiden an mir vorbeispazieren, sagen sie: „Ah, die Raben sind ja so scheu, die kriegt man gar nicht zu sehen." Denkste: Sobald die zwei Fremden verschwunden sind, sitzen die Raben wieder bei mir.

Die Raben haben in diesem Fall selektiv auf Personen reagiert. Während sie mich kannten und daher sitzen blieben, waren ihnen die unbekannten Besucher suspekt – und sie flogen weg. Dieses Phänomen, diese Skepsis bzw. „Angst" der Raben vor Neuem, wird – auch in Bezug auf neue Menschen oder Individuen anderer Spezies – als Neophobie bezeichnet. Evolutionär gesehen handelt es sich dabei aber weniger um Angst als um eine durchaus verständliche Vorsicht des Aasfressers: Als Tier, das gut von den Nahrungsquellen anderer lebt, ist es sehr sinnvoll, ständig auf der Hut zu sein, ob derjenige, potenziell Stärkere, der die Beute erlegt oder davor an ihr gefressen hat, nicht doch noch Interesse an den Resten seiner Mahlzeit zeigt. Und man als Rabe somit selbst leicht zur Beute werden könnte.

Dieses Verhalten tritt aber erst mit zunehmendem Alter auf, denn die ganz kleinen Raben sind unglaublich neugierig und verspielt. Als ich solche gerade flügge gewordenen Jungtiere zum ersten Mal im Rahmen der Masterarbeit meines Studienfreundes Johannes Fritz in Grünau beobachtete, war ich von dieser Verspieltheit sehr beeindruckt. Das hatte ich von Vögeln nicht erwartet. Kleine Raben wirken eher wie Hundewelpen, so quirlig und interaktiv sind sie. Die Neophobie zeigt sich erst, wenn sie nicht mehr bei den Eltern sind. Langsam lernen sie dann im Laufe des Erwachsenwerdens, wovor sie keine Angst zu haben brauchen. Das berücksichtigen wir auch in unserer Forschung.

Bei den freifliegenden Raben war zunächst wichtig, ihnen beizubringen, dass von mir keine Gefahr ausgeht. Ich war somit jeden Tag frühmorgens im Park und wartete beim Wildschweingehege, bis die Wildschweine gefüttert wurden und die Raben mitnaschen wollten. Ich suggerierte den Vögeln also: „Ihr solltet euch an mich gewöhnen. Wenn ihr am Wildschweinfutter mitnaschen wollt, dann müsst ihr auch meine Anwesenheit hinnehmen. Ich verhalte mich ganz ruhig. Aber verstecken will ich mich nicht." Bernd Heinrich hatte das für seine Beobachtungen immer wieder getan. In seinen Büchern berichtet er anschaulich, wie schwer es ihm fiel, den Ofen in seiner Hütte bei minus zwanzig Grad und weniger *nicht* einzuheizen, damit die Raben in der Umgebung nicht mitbekamen, dass er ihnen von seiner Hütte aus zusah. Das wollte ich definitiv nicht nachahmen!

Nach einigen Wochen erzielte ich die ersten Erfolge. Die Raben kamen, wenn ich da war, und landeten wenige Meter neben mir beim Futter. Dass auch die Kamera am Zaunpfosten oder Stativ keine Gefahr darstellte, war dann der nächste Schritt. Problematischer wurde es, als ich mir eine Verkühlung zuzog und immer wieder hustete. Die Tiere mussten lernen, dass ich mich unvorhersehbar bewegen konnte, die Welt davon aber nicht unterging. Um dieses Lernen zu beschleunigen, machte ich dann hin und wieder auch Dinge, die Beobachter*innen nicht notwendigerweise als Forschungsarbeit einstufen würden: auf und ab hüpfen, mich abrupt umdrehen oder meine Haube abnehmen bzw. aufsetzen. Allmählich blieben die Raben trotzdem gelassen. Was sich die Wildparkarbeiter, die mir zuschauten, dabei gedacht haben mögen, will ich gar nicht wissen.

Diese Vorgangsweise nennen wir „habituieren“: Wir konfrontieren die Tiere wiederholt mit bestimmten Reizen und zeigen ihnen, dass diese bedeutungslos sind und keine Folgen haben. Ein anderes Beispiel wäre auch das Verschlussgeräusch einer Tür – anfangs sind die Raben davon alarmiert, aber mit der Zeit verliert sich dieser Schrecken. Heute stellen neue Personen bei den Fütterungen in Grünau kein Problem mehr dar, solange sie sich richtig, also ruhig und unauffällig, verhalten. Aus der anfänglichen Habituation hat sich eine lokale Tradition entwickelt, dass man als Rabe unbekannten Menschen zur „Forschungszeit“ an bestimmten Orten trauen kann.

In den Volieren versuchen wir nicht nur die Raben früh genug an Versuchsapparate zu gewöhnen, sondern trainieren mit ihnen auch gezielt bestimmte Verhaltensabläufe, etwa regelmäßig allein auf die Waage zu springen – selbstverständlich nachdem sie sich an die Waage gewöhnt haben –, um ihr Gewicht zu kontrollieren. Das ist wichtig, da die Vögel manchmal unbemerkt von Darmparasiten befallen werden, die sie plagen oder sogar töten können.

Und noch etwas lernen unsere Raben gleich in der Kinderstube: einen Tauschhandel mit Forschenden und Betreuungspersonen einzugehen. Sie bekommen etwa ein Wattestäbchen oder ein Stück Stoff, das sie für eine Hormonprobe in den Schnabel nehmen. Dann geben sie die

Thomas Bugnyars ehemalige Mitarbeitern Ariane Veit zeigt dem Kollegen Fumihiro Kano am iPhone den Stand des Habituationsprozesses für eine gemeinsame Studie. Beide befinden sich im sogenannten Petrarium, einem Versuchsabteil am Haidlhof mit mehreren großen Fenstern. Die beiden Raben im Vordergrund sind bei der Demonstration dabei, der Rabe im Hintergrund ist erst später an der Reihe, darf aber bereits bei dem für ihn neuen Habituationsschritt zuschauen.

Probe zurück und bekommen eine Belohnung dafür. Solche Übungen erleichtern uns den Alltag ungemein.

Gleichzeitig eignet sich der Tauschhandel als methodisches Paradigma für bestimmte experimentelle Fragestellungen, etwa für folgende: Für welche Belohnung lohnt es sich eher zu tauschen – für höhere Qualität (z. B. Käse statt Brot) oder größere Quantität (z. B. ein Stück gegen zwei Stück)? Wie lange können Raben auf ein Tauschgeschäft warten, ohne das zu tauschende Futterstück zu fressen?

Den Ablauf eines solchen Tauschhandels und seine Konsequenzen ermessen zu können, das ist keine triviale kognitive Leistung. Fähigkeiten wie diese zeugen von einer Intelligenz der Raben, die sich im Laufe der Evolution wohl vorrangig aus zwei Gründen entwickelt hat: einerseits aufgrund ihrer Art und Weise des Nahrungserwerbs. Dabei sind Innovativität und Flexibilität genauso gefragt wie ein gutes Vorstellungs- und Erinnerungsvermögen.

Andererseits bzw. damit einhergehend hat bestimmt auch das komplexe Sozialleben der Raben dazu geführt, dass sie heute so schlau sind. Denn ihre Artgenossen agieren stets so, wie es ihnen gerade passt, also den aktuellen Umständen entsprechend. Das macht es für den Einzelnen sehr schwer, andere einzuschätzen – fördert aber evolutionär die Fähigkeit, das Verhalten anderer zu antizipieren, es also vorhersagen zu können. Gleichzeitig sind die Tiere so imstande, voneinander zu lernen.

Wie Raben das bewerkstelligen, wird Thema der folgenden Kapitel sein: Wie und warum bilden sie zum Nahrungserwerb Gruppen? Wie kommunizieren sie innerhalb dieser? Und wie gestaltet sich ihr Sozialleben, wenn sie sich in den Gruppen behaupten müssen?

3

Allesfresser mit gewissen Vorlieben

Wann Raben zum Essen rufen – und was sie dabei sonst noch mitteilen

Als ich damals als PhD-Student in Grünau war, kamen Schweizer Kollegen – Peter Enggist-Düblin und Ueli Pfister – auf Forschungsbesuch. Auch sie beschäftigten sich mit dem Verhalten der Raben, speziell mit ihrer Kommunikation. Ihre Hauptthese war: Die Rufe der Raben sind nahezu ausschließlich innerhalb der Paarbeziehungen relevant. Mit diesen paarbezogenen Rufen zeigen Herr und Frau Rabe: „Wir gehören zusammen". Es gebe in diesem Zusammenhang richtiggehende Konventionen, welcher Partner wie rufe – so grenzen sich einzelne Paare auch von anderen ab. Das stellte sich später auch als richtig heraus. Andererseits hielten die Kollegen aus der Schweiz wenig von meinem Eindruck, dass auch in den Nichtbrütergruppen gezielt kommuniziert wird. Für sie entsprachen die Rufe dieser Tiere eher einem Babybrabbeln. Ihre Argumentation war für mich so einleuchtend, dass ich mich mit einer möglichen Bedeutung bestimmter Rufe zunächst nicht weiter beschäftigte. Nach einem halben Jahr änderte sich das aber.

Die Forschungsstation in Grünau mit dem angrenzenden Cumberland-Wildpark liegt im Almtal, dessen Name sich allerdings von den „Alben" ableitet, nicht etwa von einer nahe gelegenen „Alm". Die Alben sind im Mittelhochdeutschen Elfen, die auf Wolken daherreiten. Mit anderen Worten: In Grünau ist es häufig regnerisch, dunstig und neblig.

An einem solchen nebligen Morgen fahre ich mit dem Rad in den Wildpark, ich bin damals bereits für die Fütterung der Wildschweine – und der Wölfe – zuständig, bei der sich immer auch die Raben bedienen. Wir von der Forschungsstation kooperieren insofern mit dem Wildpark, als wir die Fütterungen einzelner Tierarten übernehmen, bei denen die Raben ohnehin Zaungäste sind. Sie kommen stets zur richtigen Zeit an den richtigen Ort im Park, um dort Bären, Wölfen, Wildschweinen etwas zu stibitzen. Für uns Forschende ist das die ideale Gelegenheit, die freilebenden Raben zu beobachten und auch auf geringer Distanz mit ihnen zu arbeiten. Das ist – Stichwort Neophobie – ansonsten alles andere als einfach.

Ich klappere also mit meinem alten Rad über den Gehweg durch den dichten Nebel, orientiere mich am Zaun, an dem ich entlangfahre, und kann kaum weiter als ein paar Meter sehen. Da höre und spüre ich plötzlich – flap, flap, flap – Flügelschläge ganz knapp über meinem Kopf und einen deutlichen Ruf: „Haa!" – mit langgezogenem „a". Darauf tönt die Antwort von vielen anderen Raben, aus allen Richtungen, lauter von den nahen Tieren, leiser von den weiter entfernten Vögeln: „Haa!" – „Haa!" – „Haa!" Ich muss schmunzeln. Als würden sie einander zurufen: „Da ist er!" Beim Wildschweingehege angekommen, sehe ich die Raben dann auch: Sie haben sich bereits an der Stelle eingefunden, wo es gleich Futter geben wird.

Nach dieser Begebenheit wurde mir wieder deutlich bewusst: Ich war zu dieser Zeit im Wildpark für die Raben der Indikator, wann es Fressen gibt. „Haa" ist offensichtlich ein Ruf, den sie mit Futter assoziieren beziehungsweise mit der Möglichkeit, an Futter zu kommen – im konkreten Fall über mich. Meine Annahme war somit: Wenn ich diesen Ruf verstehe, muss er doch auch für die Raben eine klare Bedeutung haben.

Doch bevor ich näher auf diesen Ruf eingehe, sehen wir uns an, was Raben überhaupt (gerne) fressen – das hat nämlich auch viel mit ihrer besonderen Art zu leben zu tun.

Was sie dezidiert von vielen anderen Singvogelarten unterscheidet, ist einerseits ihre sehr weite, praktisch weltweite Verbreitung und andererseits ihre ausgeprägte Vorliebe für Fleisch. Raben können zwar im Prinzip alles fressen: Obst, Gemüse, Saaten, Insekten – was auch immer ihnen zur Verfügung steht. Haben sie allerdings die Wahl zwischen Fleisch und einem Apfel, dann entscheiden sie sich eindeutig fürs Fleisch. Sie erjagen es sich entweder selbst, eine Maus etwa oder eine junge Ratte. Alles, was größer ist, müssen sie tot finden – oder *jemanden* finden, der gerade Beute gemacht hat, an der sie sich bedienen können.

Handelt es sich bei der Beute allerdings um größere Säugetiere, stehen sie vor dem nächsten Problem: Mit ihren Singvogelschnäbeln können sie nicht durch die Haut großer

Tiere dringen. Dazu brauchen sie die Hilfe von Fuchs, Bär, Wolf oder Adler, die die Haut des Beutetiers zerreißen und den Kadaver öffnen können. Ist dies nicht gegeben, dann beginnen Raben mit ihrem Mahl dort, wo sich die feinsten Hautschichten am Körper befinden – rund um die Körperöffnungen wie Augen, Maul und After.

Insofern ist die Beobachtung der Menschen, die den Raben ihren schlechten Ruf eintrug, richtig: Raben pecken anderen tatsächlich die Augen aus. Das tun sie aber nur deshalb, weil sie sich nicht anders behelfen können, einen toten Körper aufzubrechen. Und sie tun das dezidiert nur bei Toten. Bei lebendigen Tieren kommt das nicht infrage; von vorne zu attackieren wäre schließlich viel zu gefährlich. Im Angriff kommen Raben immer von hinten.

In der nördlichen Hemisphäre spielen Rabenvögel also eine große Rolle als Aasverwerter. In Europa, das so lange von Kriegen geprägt war, sind ihre und unsere Geschichte über Jahrtausende miteinander verwoben. War eine jener blutigen Schlachten geschlagen, blieben unzählige tote Körper auf den Feldern zurück: jene der Rösser und jene der Soldaten. Raben tauchen als Schlachtvögel, als Galgenvögel, als Götterboten in den Erzählungen der Menschen auf. Im Londoner Tower wird etwa noch heute eine kleine Anzahl Kolkraben gehalten. Der Sage nach heißt es: Gibt es in der Großstadt London einmal keine Raben mehr, bedeutet das auch das Ende des britischen Empires.

Raben sind also auch deshalb „Kulturfolger" geworden, weil Fleisch so schwierig für sie zu ergattern ist. Anthropogene, also menschliche Abfälle, sind ihnen zur wertvollen Nahrungsquelle geworden. Sie räumen auf Skihütten am Abend die Tische ab, verputzen Essbares auf Deponien oder stibitzen Futter von Gehegetieren in Wildparks. Durch die

Art dieser Futterbeschaffung kommen sie immer wieder in Kontakt mit Menschen und anderen Tierarten, die ihnen auch gefährlich werden können. Diesen Fleisch abzuluchsen ist schwierig. Was den Raben dabei helfen kann, ist ihre Gemeinschaft.

Was hindert sie daran, alles allein zu fressen?

Erinnern Sie sich an Bernd Heinrich, den Rabenforschungspionier an der US-amerikanischen Ostküste? Er hatte ja beobachtet, dass einer oder wenige Raben zu schreien beginnen, wenn sie einen Kadaver finden. Damit locken sie andere Raben an. Warum tun sie das? Wenige Raben könnten allein doch wochenlang von dem Aas zehren?

Bernd nannte diesen Futterruf „yell", also einfach „Schrei". Dass er für andere Raben attraktiv ist, wies er mit Playback-Versuchen nach. Dabei wurde wilden Raben ein vorher aufgenommener „yell"-Ruf vorgespielt, worauf sie sofort in Richtung Lautsprecher flogen. Bernd konnte auch zeigen, dass die Raben den Ruf immer dann absetzen, wenn sie Futter nicht erreichen können oder Angst davor haben, sich der Futterquelle zu nähern. Hier kommen nun die Vorsicht und Umsicht der Raben ins Spiel.

Denn ein Kadaver, etwa ein gerissener oder verendeter Hirsch, wird oft nicht nur von deutlich größeren und stärkeren Fressfeinden verteidigt, sondern auch von anderen Raben: territorialen Brutpaaren, die das Aas für sich beanspruchen, wenn es in ihrem Revier liegt. Entdecken nun einzelne (junge) Raben die Futterquelle, nehmen sie sich vor diesen Brutpaaren deutlich in Acht. Nähern sie sich dem Kadaver, werden sie womöglich von den territorialen Raben attackiert.

Das ist riskant und „kostspielig“: Es birgt ein Verletzungsrisiko und kostet Zeit und Energie, die sie anders besser einsetzen könnten.

Rufen sie aber andere zu Hilfe, die sich dann auf den umliegenden Bäumen sitzend zu einer Gruppe formieren, gibt ihnen das die Möglichkeit, gemeinsam und gleichzeitig beim Kadaver zu landen und so diejenigen, die sich schon am Fleisch laben, zu überrumpeln. Bernd nennt das den „Lawineneffekt“. Die kritische Masse ist mit etwa zehn Raben erreicht: Gegen diese Gruppengröße kann ein territoriales Paar nichts mehr ausrichten, da es ja immer nur ein paar Tiere gleichzeitig verjagen kann, während sich die anderen sieben oder acht in der Zwischenzeit am Kadaver gütlich tun.

Der Ruf nach Verstärkung lockt Artgenossen in der Nähe an. Das Rekrutiersystem funktioniert aber auch auf größere Distanz – allerdings nicht mehr über Rufe. Sind nur wenige andere Raben in der Nähe, verhält sich ein einzelnes Tier nach der Kadaversichtung auch einmal mucksmäuschenstill und fliegt weiter. Spätestens abends trifft es nämlich ohnehin auf andere Raben – am gemeinsamen Schlafplatz, der auch als Informationszentrum dient. Am nächsten Tag kommt derjenige, der den Kadaver ursprünglich gesichtet hat, dann mit einem ganzen Rabentrupp zurück, um mit Verstärkung sein Glück an der Futterstelle zu versuchen.

Dennoch habe ich immer noch die Schweizer Kollegen im Ohr, die vor Jahren darauf beharrten, die Rabenrufe seien nur Konventionen. Ein Jahr später hatte ich dann herausgefunden, dass diese „yells“ – ich nannte sie „Haa“-Rufe – sehr wohl eine Bedeutung haben. Allerdings gab es noch ein paar Ungereimtheiten zwischen Bernd Heinrichs Erkenntnissen und meinen Beobachtungen: Bernd registrierte den Ruf vor allem, wenn die Raben Probleme mit territorialen Paaren hatten. Bei uns in Grünau ist das nicht der Fall, denn der Wildpark liegt nicht in einem Brutterritorium von Raben: Zwei Vögel könnten es sich unmöglich leisten, eine derart einträgliche Nahrungsquelle dauerhaft gegenüber Nichtbrütergruppen zu verteidigen. Hier hören wir das „Haa", wenn Raben Futter erwarten und es aus irgendeinem Grund nicht erreichen können. Das ist beispielsweise auch dann der Fall, wenn die für die Raben sonst ungefährlichen Wildschweine das Futter mit ihren Körpern abdecken.

Ein weiterer Unterschied zu Bernds Beobachtungen: Ich kannte eines seiner Sonogramme, die grafische Darstellung der Rufe, auf dem mehrere Rufe hintereinander verzeichnet waren, also etwa „Haa, haa, haa". Ich hingegen hatte in diesen Situationen immer nur einen Ruf pro Rabe gehört: „Haa!" Deshalb kontaktierte ich Bernd, damals noch per Brief. Ich schrieb ihm, dass ich glaubte, diesen „yell"-Ruf auch zu erforschen, hob aber die Ungereimtheiten zu seinen Studien hervor.

Wenig später, im Jahr 1998, trafen wir einander bei einem Workshop am Konrad-Lorenz-Institut für Evolutions- und Kognitionsforschung. Die Organisatoren hatten unter anderem mir zuliebe Bernd Heinrich eingeladen. Er ist ein eher ruhiger Typ, ein körperlich zäher Ultramarathonläufer und sehr guter Baumkletterer.

Wir kamen uns also in der alten Villa, die Konrad Lorenz' Vater erbauen ließ, entgegen, schauten uns an und begrüßten uns mit „Haa", dem Rabenruf! Im Gespräch stellte sich dann schnell heraus: Das auf seinem Sonogramm verzeichnete wiederholte „Haa" stammte von unterschiedlichen Individuen – ein Rabe hatte „Haa!" gerufen, die anderen geantwortet. Das stimmte mit meinen Beobachtungen also doch überein.

Was Raben mit dem Futterruf unterschwellig mitteilen

Seit dieser Zeit, seit Jahrzehnten also, beschäftige ich mich mit diesem „Haa". Und fragte mich zuerst: Geben die Raben diesen Ruf wirklich absichtlich von sich? Wissen sie, was sie da tun? Die Alternativhypothese würde lauten, dass hinter dem Futterruf überhaupt keine Intention steckt. Es ist zwar klar, dass die Tiere mithilfe dieses Rufs kooperieren, vor allem in den Wintermonaten, um an begehrtes Fleisch zu kommen. Aber – so die Annahme des intentionslosen Schreiens – die Raben hätten keine Ahnung, warum sie das täten oder welchen Zweck ihr Geschrei haben könnte. Bei Hunger schreien die Vögel eben „Haa!", dadurch kommen sie besser an Nahrung und auf diese Weise wird das Rufen in der Evolution selektiert.

Diese Annahme ließe sich einfach entkräften, wenn wir belegen könnten, dass die Raben die Information „Liebe Kollegen, ich will hier fressen!" flexibel gebrauchen. Wie könnte so ein Nachweis aussehen?

Gemeinsam mit der holländischen Gaststudentin Maartje Kijne bin ich dieser Frage im Setting der Wildschweinfütterung nachgegangen. Dafür nutzten wir auch die Neophobie der Raben aus. Unser Versuchsdesign sah folgendermaßen aus: Zuerst verwirren wir die Raben ein bisschen, indem wir ein, zwei oder drei Kübel Futter neben das Wildschweingehege stellen. Wir zeigen ihnen somit, was sich in den Eimern befindet: entweder Fleisch, für das sie sich natürlich am meisten interessieren, Küchenabfälle, im Ranking guter Durchschnitt, oder die pflanzlichen Futterpellets der Wildschweine. Das ist für die Raben irritierend: „Das Futter ist also schon vor Ort, aber wir dürfen es nicht nehmen?", denken sie sich vielleicht.

Raben bei den Wildschweinen: Schweine stellen für Raben kaum eine Gefahr dar. Die Vögel mischen sich daher ohne zu zögern unter die Schweine (rechts oben) und versuchen Futterstücke zu ergattern (rechts unten). Einige Raben reiten auch gerne auf den Schweinen (links).

Sie kreisen also um die Futterstelle und setzen ihre „Haa!"-Rufe ab. Das tun sie aber wirklich nur genau so lange, bis wir ihnen das Futter schließlich zugänglich machen. Wenn das Futter in ihren Augen hochwertig ist, rufen sie verstärkt. Und auch – interessanterweise – wenn es wenig Futter gibt, also etwa nur ein Futtereimer zur Verfügung steht, rufen sie verstärkt. Die Rufrate drückt offenbar aus: „Das will ich haben! Das will ich wirklich haben!" Eine weitere Auffälligkeit: Je weniger Raben vor Ort waren, umso stärker haben die anwesenden gerufen. Wenn hingegen schon viele zusammengekommen waren, hielten sie eher ihren Schnabel. Wir konnten somit einen sogenannten „audience effect" nachweisen: „Haa" rufende Raben richten sich nach ihrem Publikum!

All diese Abstufungen und Differenzierungen zeugen von der großen Flexibilität der Raben in ihrem Ruf-Verhalten. Sie geben Informationen über etwas in ihrer Umgebung weiter, angepasst an den Kontext der jeweiligen Situation. Die Rufe weisen auf den Ort hin, an dem demnächst Futter zur Verfügung steht; sie geben aber auch Auskunft darüber, um welches Futter es sich handelt und wie viel davon vorhanden ist. In der Kognitionsbiologie sprechen wir bei dieser Art von Kommunikation von „funktionaler Referenz". Die Raben „reden" quasi über etwas: Jemand gibt ein „Ich will das jetzt!" von sich, die anderen kombinieren und wissen dadurch: „Aha, dort gibt's was zu fressen." Das „Haa" scheint ihnen Orientierung zu geben.

Zum Zeitpunkt dieser Untersuchung hatten wir in Grünau nur zehn, vielleicht zwanzig markierte freifliegende Raben, und diese waren auch nicht immer zu sehen. Wir mussten uns daher damit begnügen, die Anzahl der Rufe aller Raben pro Minute zu zählen. Als wir später über hundert

Tiere markiert hatten, sahen sich meine Dissertant*innen Markus Böckle und Georgine Szipl auch an, wer wann wie viel ruft. Sie fanden dabei heraus, dass es eine große individuelle Variation unter den Tieren gibt: Jeder Rabe hat seine individuelle „Stimme", einer klingt anders als der andere. Der Unterschied ist so deutlich, dass auch wir Menschen ihn gut wahrnehmen können. Wir haben die Variation nach akustischen Parametern vermessen. Und tatsächlich: Alter, Geschlecht und Individualität des jeweiligen Raben sind an der Stimme erkennbar.

Für uns Forschende ist das natürlich höchst interessant, aber ist diese Information auch für die Raben relevant? Wir haben Vögeln in Zoos den „Haa"-Ruf von unbekannten Raben als Playback vorgespielt. Um bestimmen zu können, ob sie die Stimmen voneinander unterscheiden, arbeiteten wir mit der Methode „Habituation & Dishabituation", die aus der Entwicklungspsychologie stammt. Das bedeutet: Erst werden die Zooraben an den Ruf eines Tieres gewöhnt, sie werden darauf habituiert. Entweder antworten sie diesem Ruf oder blicken zumindest in die Richtung, aus der er kommt.

Beim wiederholten Mal aber drehen sie den Kopf nicht mehr zum Rufenden hin – beziehungsweise zum Abspielgerät. Wenn danach allerdings das „Haa" eines anderen Raben zu hören ist, dann blicken sie wieder in die Richtung, aus der der Ruf kommt! So konnten wir nachweisen, dass die „Haa"-Rufer nicht nur für uns Menschen anders klingen, sondern auch für Raben unterscheidbar sind. Setzen wir diese Erkenntnisse zusammen, heißt das: Raben sind in der Lage zu wissen, wer gerade was sagt.

Im Laufe der großen Studie mit über hundert beteiligten Vögeln gab es noch eine Überraschung für uns: Es stellte sich heraus, dass nicht alle Raben gleichermaßen „ruffreudig“ sind. Unter ihnen gibt es – wohl vergleichbar mit uns Menschen – Tonangeber, die generell viel rufen. Sie machen einen eher kleinen Teil der täglichen Gruppe aus; meist handelt es sich um etwa fünf bis fünfzehn Vögel. Andere hingegen beschränken sich praktisch nur aufs Antworten – das ist die klare Mehrheit.

Bei jungen Raben, die noch kein Jahr alt sind, ist die Grenze zwischen Tonangebern und Zuhörern noch sehr fließend. Bei den subadulten Tieren, die zwei bis drei Jahre alt und noch nicht geschlechtsreif sind, finden sich in beiden Geschlechtern gesprächige Individuen. Bei den adulten, erwachsenen Raben ist es dann so: Wenn jemand ruft, dann typischerweise ein Weibchen. Insbesondere sind es jene Weibchen, die regelmäßig vor Ort an einer Futterstelle sind. Wir hätten ursprünglich erwartet, dass eher diejenigen Vögel rufen, die als „Gäste“ vorbeikommen, weil sie vielleicht unsicher sind. Damit lagen wir offensichtlich falsch.

Auch diese Beobachtungen überprüften wir mit Playback-Studien. Georgine spielte dafür gleichzeitig die „Haa“-Rufe von zwei verschiedenen Individuen aus zwei Lautsprechern ab, die etwa hundert Meter voneinander entfernt gut versteckt im Gebüsch positioniert waren. Konkret spielte sie jeweils ein Männchen gegen ein Weibchen vor, die den ortsansässigen Raben entweder bekannt oder unbekannt waren. Unsere Annahme war: Falls Raben einen der Rufer bevorzugen – etwa weil dieser Rabe im Alltag verlässlich ruft –, dann sollten sie zuerst zu dem Lautsprecher fliegen, aus dem der Ruf dieses Tiers ertönt. Und tatsächlich: Auf die Rufe weiblicher erwachsener Raben reagierten die zuhörenden Raben eher als auf die Rufe von altersgleichen Männchen – aber nur, wenn es sich um bereits bekannte Artgenossen handelte!

Auf unbekannte Raben wurde kaum reagiert. Somit können wir auch relativ gut die unglaubliche Variation im „Haa"-Rufen erklären: Es kommt nicht nur drauf an, was man sagt, sondern wer was wann sagt – und wie glaubhaft das ist.

Dabei ist der Fall auch ein Beispiel für ein Phänomen, das einem als Forscher häufig begegnet: Kaum ist die eine Forschungsfrage beantwortet, tut sich auch schon die nächste auf. In diesem Fall: Warum sind die Weibchen in ihrem Futterruf für andere glaubwürdiger als die Männchen?

Um diesem Rätsel auf die Spur zu kommen, beobachtete Javier Sierro in Rahmen seiner Masterarbeit jeweils ein Individuum fünf Minuten lang vor der Fütterung beim Wildschweingehege. Er protokollierte genau: Welcher Rabe befindet sich wo, wenn er ruft? Und wer befindet sich um ihn herum? Wenn zwei Tiere in einem Abstand von weniger als einem Meter nebeneinandersitzen, können wir davon ausgehen, dass die beiden sich gut verstehen. Von solchen Raben wissen wir auch, dass sie einander oft gegenüber anderen Raben helfen, wenn diese den Zugang zum Futter versperren. Dieser Logik nach sollten also weibliche Raben, die einen möglichen Allianzpartner bereits vor Ort haben, nicht rufen. Und genau das tun sie auch nicht. Verstärkt rufen hingegen Weibchen dann, wenn ihr Partner gerade nicht bei den Wildschweinen ist, wenn die Fütterung startet. Wir interpretieren das als: „Ich will das Futter, aber ich habe da ein Problem." Denn auch wenn kein riesiger Größenunterschied zwischen den Geschlechtern besteht – die Weibchen sind den Männchen körperlich unterlegen.

Wenn ein Weibchen also einen Partner oder Freund hat, kann er ihr helfen, an das Futter zu gelangen. Dazu muss er aber auch anwesend sein. Unsere derzeitige Arbeitshypothese ist also, dass die erwachsenen Weibchen selektiv ihren Partner herbeirufen. Eine entsprechende Szene konnte Javier sogar auf Video festhalten: Hangtail, eine unmarkierte Rabendame, die aber klar an ihrem gebrochenen Schwanzansatz erkennbar ist – daher auch der Name –, sitzt vor dem Wildschweingehege und ruft „Haa". Ihr von uns markierter Partner Paul kommt angeflogen und die beiden begrüßen sich, indem sie ihre Schnäbel aneinanderstreichen. Dann „sagt" sie ihm noch ein paar Mal „Haa" direkt ins Gesicht, um auch wirklich keine Missverständnisse aufkommen zu lassen – und anschließend gehen sie gemeinsam zum Futterplatz.

Während die erwachsenen Raben also sehr spezifisch Unterstützung anfordern, scheint es bei den jungen Tieren beliebiger zu sein, als wollten sie sagen: „Ich rufe einfach einmal drauflos, damit zumindest irgendwer kommt." Sie haben Hunger, wissen aber nicht, wie sie sich dem Futter in einer Art und Weise nähern können, ohne von älteren Raben zurechtgewiesen zu werden, und schreien deshalb – vielleicht auch aus einer Unsicherheit oder Unentschlossenheit heraus. In der Beobachtung ist uns häufig nicht klar, was ihr Problem ist.

Eines scheint jedenfalls fix: Raben rufen einander – mehr oder minder selektiv – zusammen, um gemeinsam ans begehrte Fleisch zu kommen. So weit, so kooperativ. Ist die Futterquelle dann aber erst einmal erschlossen, geht's ganz plötzlich um die Wurst.

4

Tarnen und Täuschen

Bluffen, Verstecken, Tricksen: Kreative Wege, Konkurrenten hinters Licht zu führen

Am Freitag, den 13. März 2020, konnte man – nicht ganz wissenschaftlich gemeint – Verhaltensforschung in Supermärkten betreiben. Wir standen an der Kippe zur Pandemie, Meldungen zum ersten Lockdown waren bereits im Umlauf. Und im Supermarkt, der uns Menschen als moderner Nahrungsmittelspeicher dient – wie den Raben die Fütterungen der Gehegetiere im Wildpark –, herrschte Ausnahmezustand. Die Leute kauften wie wild Lebensmittel ein, aber auch Komfortprodukte wie Klopapier.

Als Verhaltensforscher bezeichnen wir das als „scramble competition", also einen Wettbewerb vieler um die Verteilung einer Ressource, bei dem die Devise ist: Sei schneller als die anderen! Wenn wir die Packung Klopapier dann in den Einkaufswagen gelegt haben, entspricht das bei den Raben einem „Monopolisieren" des Futters: Der Vogel sitzt auf jenem Stück Fleisch, das er gut verteidigen kann, und signalisiert den anderen, sie sollen gefälligst einen Bogen um ihn machen. Artikuliert wird das zum Beispiel durch Display-Rufe, die so etwas wie „Verzieh dich!" bedeuten.

Ein Rabe geht allerdings weiter als wir Menschen im Supermarkt: Wenn es sein muss und die anderen versuchen, ihm die Beute streitig zu machen, bekommen diejenigen, die ihm zu nahe kommen, eine auf den Deckel. Dabei teilen die Raben mit dem Schnabel ganz schön aus und geben anderen klar zu verstehen: „Das ist meins!" Trotzdem lassen sich andere Raben dadurch nur bedingt beeindrucken und probieren es wieder, sobald es die Situation zulässt. Raben würden also auch am Supermarkt-Parkplatz noch versuchen, die Klopapierpackung jemand anderem zu entreißen oder sie aus einem fremden Kofferraum zu stibitzen. Ja, sie würden vielleicht sogar mit nach Hause fahren und auch dort versuchen, das Klopapier zu entwenden, oder überhaupt das fremde WC benutzen. Ganz schön frech.

Und dann doch überraschend, bei dem, was wir bisher über sie gehört haben. Demzufolge könnte man ja annehmen, Raben seien Altruisten: Sie unterstützen einander, um eine Futterquelle zu erschließen und sie überhaupt einmal zugänglich zu machen. Sie warten ab, bis sich eine ausreichend große Gruppe von Mitstreitern gebildet hat – ganz im Sinne eines „Wir helfen zusammen". In der Fachsprache heißt das „Kooperation auf mutualistischer Basis", weil alle einen unmittelbaren Vorteil haben, wenn sie zusammenarbeiten. Man könnte erwarten, dass die Tiere dann auch an der Futterstelle teilen. Aber das ist ganz und gar nicht der Fall.

Sobald die Raben ans Futter kommen, schalten sie von einem Moment auf den anderen um: von kooperieren auf konkurrieren. Sie kooperieren so viel wie nötig und so wenig wie möglich – ein „zum Wohle der Art" zieht bei ihnen nicht (wie übrigens fast nie!). Dabei zeugt diese Plastizität auch von ihrem ungeheuer breiten Horizont: Raben sind flexibel in ihrem Verhalten und in ihrem Denken.

Die „scramble competition" ist dabei nur der erste Akt, ein Feilschen und Schachern, ein Verteilungswettkampf. Auch wenn die Futterquelle so ergiebig ist, dass die Raben nicht alles gleich verwerten können: Die meisten von ihnen nehmen an Ort und Stelle zuerst maximal einen Bissen und beschäftigen sich dann sofort damit, ihren Teil der Beute in Sicherheit zu bringen. Sie tun das, indem sie Futterbrocken aufsammeln bzw. Fleischstücke aus dem Kadaver heraustrennen, damit wegfliegen und diese an möglichst geheimen, individuellen Plätzen verstecken. Meistens graben sie die Brocken in lockerem Boden ein oder stecken sie in Spalten, Ritzen, Astgabeln und decken sie mit Blättern oder Moos zu.

So fliegen die Raben ständig zu und ab. Sie kommen immer wieder zurück an die Futterstelle und schnappen sich einen Teil – wie bereits erwähnt kooperieren dabei einzelne Tiere noch miteinander, etwa wenn erwachsene Weibchen ihren Partner herbeirufen; es ist immer gut, einen befreundeten Partner in der Nähe zu wissen, der einem kurz den Rücken freihält. Der ganze große Kadaver wird also in kleine Happen zerschnabelt und so lange in alle Himmelsrichtungen getragen und dort versteckt, bis nichts Brauchbares mehr davon übrig ist. Die Knochen größerer Beutetiere können Raben nicht knacken.

Diejenigen Vögel aber, die noch jung, nicht gut vernetzt oder körperlich unterlegen sind, haben an der Futterquelle definitiv das Nachsehen. Sie müssen eine andere Taktik an-

Konkurrenz um Nahrung: Bei der Wildschweinfütterung im Winter sind Fleischstücke heiß begehrt und wild umkämpft (rechts). Ein erfolgreicher Rabe fliegt mit einem Eintagsküken ab, das er eben bei der Schweinefütterung ergattert hat (oben).

wenden, weil sie bei der direkten körperbetonten Konkurrenz an der Beute üblicherweise den Kürzeren ziehen. Und diese Taktik ist das Tricksen. Doch dafür braucht es Köpfchen. Und Geduld. Zuerst warten diese Raben daher einmal auf den zweiten Akt.

Behalten und Verstecken: Auch Schnorrer werden satt

Ganz am Anfang dieses Buches habe ich Ihnen von der Käse-Regel erzählt, die ich mir ausgedacht hatte, um die Aufmerksamkeit der Raben zu testen. Sie sollten lernen, dass in allen farbgleichen Filmdosen ein köstliches Käsestück steckt. Doch damit tappte ich in meiner Anfangsstudie in ein Verstecksystem hinein, dessen Komplexität ich nicht einmal ansatzweise erahnt hätte.

Ganz grundsätzlich gibt es unter Tieren verschiedenster Arten zwei Strategien, um an Futter zu gelangen: Entweder sind sie Produzenten („producer"), das heißt, sie suchen und finden ihr Futter selbst und fressen es an Ort und Stelle. Oder aber sie sind Schnorrer („scrounger"). Diese Tiere wenden spezielle Manöver an, um an Nahrung zu gelangen, die andere verfügbar gemacht haben. Meist beuten bestimmte Individuen dabei Artgenossen aus. Die Schnorrer-Strategie funktioniert aber auch zwischen unterschiedlichen Arten. Das kann allerdings auch risikoreich sein, weil an der Futterstelle zum Beispiel Wölfe fressen, die durchaus auch einmal einen Raben schnappen, wenn er ihnen zu lästig wird.

Schnorren kann man zudem auf unterschiedliche Weise. Zum Beispiel können Raben versuchen, einem anderen vorsichtig ein Stück zu entwenden bzw. sogar aus dem Schnabel zu ziehen. Eine relativ gute Beziehung unter den Individuen ist dafür aber unerlässlich! Oder sie verlassen sich auf ihre Körperkraft und nehmen anderen das Futter einfach weg bzw. jagen es ihnen im Flug ab. Besonders bei der Wolfsfütterung ist häufig zu beobachten, dass einer von ihnen mit einem Stück Fleisch im Schnabel flugs abfliegt, er dann aber von einem oder mehreren Artgenossen verfolgt und im Flug attackiert wird, woraufhin Ersterer den Brocken verliert.

Es gibt aber auch die Versteck-Plünderer: Sie lehnen sich erst einmal zurück und warten, bis ein Rabe es geschafft hat, mit einem Fleischstück wegzukommen. Er bringt es von der Futterquelle, die ja jetzt alle kennen, an einen – vermeintlich – sicheren Ort, verbuddelt den Leckerbissen dort und fliegt zurück, um die nächste Ration zu holen. Das ist der Moment für den Plünderer, der das alles unbemerkt beobachtet hat: In Abwesenheit des Eigentümers ist der Weg frei, dessen Versteck auszuräumen.

Futterverstecken ist bei den meisten Rabenvögeln üblich, wenngleich verschieden stark ausgeprägt – abhängig etwa auch davon, wie oft die Tiere auf große Futtermengen stoßen, die sie nicht sofort (vollständig) aufessen können und wie lange sie dann von ihren Verstecken zehren. Wir unterscheiden daher auch zwischen „Langzeitversteckern" und „Kurzzeitversteckern": Erstere verstecken häufig (pflanzliche) Nahrung – Eicheln, Nüsse, Samen – für den Winter. Das bekannteste Beispiel dafür ist kein Vogel, sondern das Eichhörnchen: Der kleine Nager merkt sich das Areal, in dem das Futter vergraben liegt, und erschnüffelt dann den genauen Ort des Verstecks.

Eichelhäher, die auch zu den Rabenvögeln zählen, sind ebenfalls Langzeitverstecker, die sehr viele Verstecke anlegen und monatelang davon zehren können. Sie haben ein ausgezeichnetes räumliches Gedächtnis und Vorstellungsvermögen. Eine gewisse Fehlerquote ist bei ihren mehreren hundert bis tausend Verstecken dennoch dabei: Schließlich setzen Ökolog*innen und Forstwirt*innen in maroden Fichtenwäldern die Tiere mittlerweile auch gezielt zur Verbreitung von Eiche und Buche durch „Hähersaat“ ein – und verlassen sich darauf, dass einige der extra auf Futtertischen angebotenen Eicheln und Bucheckern dann doch im Boden vergessen werden. Und keimen.

Die Kolkraben hingegen zählen zu den Kurzzeitversteckern: Sie verstecken Nüsse, Obst, Insekten und Fleisch nur für ein paar Tage, maximal ein paar Wochen. Üblicherweise haben sie eine überschaubare Anzahl von Verstecken. Von anderen Rabenvögeln wissen wir auch, dass sie sich merken, wann und was sie am jeweiligen Platz deponiert haben. Das wiesen meine Kollegen Nicky Clayton und Tony Dickinson in Cambridge mit Buschblauhähern nach. Wir gehen davon aus, dass also zum räumlichen Vorstellungsvermögen auch ein episodisches Gedächtnis dazukommt, mit dessen Hilfe die Häher – wie auch die Kolkraben – sich an die *Situation* des Versteckens erinnern. Suchen sie doch ihre Plätze mit verstecktem Fleisch, das rascher verdirbt, früher wieder auf als jene mit länger haltbarem Futter.

Wichtig ist dabei: Das gute Gedächtnis der Vögel für Verstecke funktioniert auch dann, wenn andere beim Verstecken beobachtet werden. Das bezeichnen wir in der Fachsprache als „observational spatial memory“; die Tiere können sich also Verstecke von anderen merken und diese gezielt plündern. Während das episodische Gedächtnis in der von den Buschblauhähern gezeigten Form für Kolkraben (noch) nicht belegt ist, konnten wir eindeutige experimentelle Evidenz für den Zusammenhang zwischen ihrem Beobachtungslernen

Futterverstecken: Die Voliereraben verstecken Futter meist im Boden, wobei sie ein kleines Loch graben und es mit Steinen oder anderem Substrat wieder zudecken.

und dem gezielten Plündern von Verstecken gewinnen. Es war mir sehr wichtig, hier jegliche Zweifel und Alternativen ausschließen zu können.

Eine konkrete Alternative zu der Fähigkeit, sich beobachtete Verstecke *zu merken*, war die Möglichkeit, dass Raben wie die Eichhörnchen vorgehen. Dass sie sich also die Stelle des Verstecks nur *ungefähr* merken und das Futter dann erschnüffeln. Daher testete ich, wie gut Raben Verstecke von anderen riechen können. Dafür musste ich mir zuerst überlegen: Was riecht für einen Raben unwiderstehlich? – Leicht vergammeltes Fleisch!

Kleine Stücke davon vergrub ich im sandigen Boden eines zehn Quadratmeter großen Versuchsabteils der Voliere. Die Raben durften mir dabei entweder zuschauen – oder nicht. Die Ergebnisse waren deutlich: Wenn die Tiere mich beim Verstecken beobachtet hatten, gingen sie schnurstracks an die Stelle des Verstecks, nachdem sie ins Abteil gelassen wurden. Hatten sie nicht zuschauen dürfen, waren sie beim Betreten des Abteils zwar hochmotiviert, aber ohne jede Spur. Sie suchten und suchten und suchten, oftmals nur Zentimeter neben den versteckten Stücken, fanden sie aber nicht über das Zufallsniveau hinaus – also fast nie. Für mich ergibt sich daraus der Schluss, dass der Geruch bei der Futtersuche für die Raben offenbar eine untergeordnete Rolle spielt.

Für mich als Kognitionsbiologen ist es ungemein wichtig zu wissen, welche Sinne die Tiere zum Lösen ihrer Alltagsprobleme einsetzen. Denn ob Raben verstecktes Futter nur finden, wenn sie vorher dabei zugeschaut haben, wo andere es verstecken, oder ob sie das Versteck über den Geruch finden, macht einen Riesenunterschied für ihr Verhalten als Plünderer. Im ersten Fall müssen sie möglichst genau aufpassen, wann ein Artgenosse wegfliegt, um die Beute zu verstecken, und diesem möglichst unbemerkt folgen; im letzten Fall würde es reichen, wenn sie allein potenzielle Versteckplätze abklappern. Die kognitiven Anforderungen wären komplett unterschiedlich und die möglichen Gegenstrategien der Verstecker wohl auch – doch mehr dazu später.

Zurück zum Verteilungswettkampf um das Futter: Hier geht es also zuerst darum, wer schneller ein Stück ergattert („scramble competition"), und im zweiten Akt dann darum, es zu behalten und in Sicherheit zu bringen. Das erfordert einerseits Geduld. Und andererseits ein exzellentes Gefühl für Timing.

Beobachtbar ist das zum Beispiel bei der Wolfsfütterung. Ein Rabe ergattert ein Stück Fleisch, fliegt damit auf einen Baum und ist erst einmal in Sicherheit vor den Wölfen. Dennoch frisst er nicht gleich, sondern versucht den Brocken so zu zerkleinern, dass er das Fleisch möglichst gut in Schnabel, Mundhöhle und Kehlsack unterbringt. Erst dann fliegt er weiter zu einem Versteck. Nur wenn der Leckerbissen komplett verstaut ist, kann ihn ihm auch im Flug kein Artgenosse mehr streitig machen.

Das nächste Problem, das die Raben kognitiv lösen müssen, ist folgender Zielkonflikt – auch „trade off" genannt: Je weiter der Vogel von der Futterquelle wegfliegt, umso sicherer vor anderen Raben ist zwar das Versteck, umso länger braucht er dann aber auch, um für den nächsten Brocken zurückzukommen. Auch abhängig vom Hunger verstecken die meisten Raben ihr Fleisch deshalb eher in der näheren Umgebung.

Direkt leid tun mir manchmal die ganz jungen Raben. Sie tun sich zunächst schwer, ihr Futter zu behalten, und lernen erst über einen langen Zeitraum, wie sie es anstellen, die

Abwartender Rabe mit Futter im Kehlsack: Wenn sie ihr Futter verstecken, geben Raben sehr genau auf ihre soziale Umgebung acht.

Stücke in Sicherheit zu bringen. Sie machen daher am besten schnell ein paar Bissen direkt an der Beute. Sonst nimmt es ihnen dauernd ein Artgenosse weg.

Bluffen: Raben lernen, geduldig zu sein

Unter Raben gilt: Wer zuletzt lacht, lacht am besten. Dafür brauchen die Tiere Geduld, vor allem mit sich selbst. In der Kognitionsforschung nennen wir das Impulskontrolle. Eltern kleiner Kinder können die Entwicklung dieser Fähigkeit oft in vermeintlich dramatischen Alltagsszenen miterleben: Es gibt da etwas, was das Kind unbedingt haben möchte, was aber in besagtem Moment nicht möglich oder sinnvollerweise zu bekommen ist.

In der Entwicklungspsychologie gibt es dazu den sogenannten „Marshmallow-Test": Kinder werden mit einem Stück Schaumzuckerwatte allein gelassen – nachdem ihnen jemand gesagt hatte, sie bekommen ein zweites, wenn sie mit dem Aufessen warten, bis die Aufsichtsperson wieder zurückkommt. Auch wenn neuere Studien die Ergebnisse teilweise infrage stellen – in der ursprünglichen Versuchsanordnung aus den 1960er-Jahren sowie in Replikationsstudien Jahrzehnte später wird ein Zusammenhang mit der späteren Entwicklung von Kindern hergestellt: Wer demnach als Vierjähriger zum „Belohnungsaufschub" fähig war, zeigte auch als Teenager eher bessere kognitive Leistungen. Ich persönlich hätte den Test als Kind wohl eher nicht bestanden; und ich habe das Gefühl, ich würde den Test auch heute nicht bestehen ...

Kleine wie große Menschen müssen also jedenfalls erst lernen, den Impuls des „Haben-Wollens" zu kontrollieren. Das lernen auch die Raben.

Junge Raben, die weder stark noch versiert im Umgang mit Futterbrocken sind, haben immer noch die Möglichkeit, die Verstecke anderer auszuräumen, sie zu plündern. Eine anspruchsvolle Aufgabe, denn dazu müssen sie erstens wissen, wo ihre Artgenossen verstecken, sie also verfolgen, sie beobachten – und sich das alles auch noch merken! Zweitens müssen die Raben beim Beobachten wie ein Privatdetektiv vorgehen. Sie dürfen als Beobachter keinesfalls ihre Absicht erkennen lassen, sondern müssen auf Distanz bleiben und sich zurückhalten, sie müssen den eigenen Impuls, gleich aufs Futter loszustürzen, kontrollieren. Am Anfang klappt das alles andere als gut. Im ersten Sommer fliegen Jungraben noch oft zu den Versteckern hin und schauen ihnen aus kurzer Distanz zu, worauf diese natürlich damit aufhören und die Kleinen vertreiben. Mit Herbst sind die Jungraben aber meist so weit, dass sie sich beim Beobachten ähnlich gut wie Erwachsene zurückhalten. Meine Kolleginnen Valérie Dufour und Claudia Wascher wiesen in einem Experiment nach, dass die Tiere ihre Impulskontrolle dann auf mehrere Minuten ausdehnen können.

Werden die Beobachter dann doch entdeckt, müssen sie, drittens, in der Lage sein zu bluffen – also so zu tun, als ob es sie gar nicht interessiere, was der Verstecker da im Schilde führt. Dann spielt ein Aufgeflogener vielleicht mit einem Fichtenzapfen und tut ganz unbedarft. Der Verstecker fragt sich wohl, was davon zu halten ist, entfernt sich – je nach seinem Eindruck – ein Stück weit und tut dann meist doch, was er eigentlich vorhatte: seine Beute verstecken. Die Jungen lernen so nach und nach, dass sie versteckt beobachten müssen bzw. unter welchen Umständen sie Verstecker täuschen können. Das ist eine enorme Leistung für diese Tiere: Informationen zu verheimlichen oder auch falsche Information zu geben – also zu bluffen – ist aus kognitionsbiologischer Sicht alles andere als trivial.

Die Verstecker haben hingegen das umgekehrte Problem: Sie müssen alles unternehmen, um nicht geplündert zu werden. Also passen sie auf, beim Verstecken nicht beobachtet zu werden. Die Verstecker verstecken sich also selbst beim Verstecken. Genau wie die Beobachter andere beobachten, möglichst ohne selbst beobachtet zu werden.

Grundsätzlich geht es bei diesen Versteckspielen also immer wieder um Sehen und (Nicht-)Gesehenwerden. Bei beidem handelt es sich um mentale Eigenschaften, die im Verhalten Ausdruck finden und sich so von uns messen lassen: Wendet der Verstecker-Rabe seinen Kopf in Richtung des Beobachters, ist diese Bewegung ein „cue", also ein Hinweis dafür, dass er ihn gesehen hat. Für den potenziellen Plünderer wäre es also ausreichend zu wissen: Sobald der Verstecker seinen Kopf zu mir dreht, hat er mich im Visier und ich bin vermutlich aufgeflogen.

Das können Raben tatsächlich lernen. Auf der Basis von subtilen Verhaltensweisen, die mit Sehen/Gesehenwerden zusammenhängen, können sie ihre Chancen einschätzen und abschätzen, welche Verhaltensoptionen „noch drinnen" sind und welche nicht mehr. Durch viele Versuche, die schiefgehen oder klappen, finden sie heraus: Wann hat der Verstecker wirklich auf mich reagiert? Wie weit kann ich mich etwa aus der Deckung wagen, wenn ich keine gute Sicht mehr habe, ohne dass der andere mich wahrnimmt?

Mit dieser Erklärung wären alle zufrieden gewesen. Das Erkennen von subtilen Verhaltensnuancen ist im Tierreich durchaus verbreitet – denken Sie etwa an den „Klugen Hans", jenes Pferd, das die Körpersprache seines Trainers so gut lesen lernte, dass alle Zuschauer*innen dachten, es könne tatsächlich Rechenaufgaben lösen.

Aber dabei bleibt es nicht, die Sache wird noch hintergründiger. Doch dazu später mehr.

Evolutionär gesehen dient das Verstecksystem der Raben wohl dazu, die Konkurrenz untereinander zu verringern. Gleichzeitig gibt das Versteckplündern auch jenen Vögeln, die körperlich nicht so stark sind, die Möglichkeit, an das begehrte Fleisch zu kommen. Sie können, wenn der Verstecker wieder weg ist, fern von all dem Gezanke am Kadaver die vorbereiteten Happen in Ruhe ausgraben – falls sie vif genug sind.

Diese Option, ohne großen körperlichen Aufwand ebenfalls an hochwertiges Futter zu gelangen, wirkt aus kognitionsbiologischer Sicht eindeutig als Selektionsdruck auf die Gehirnleistung der Tiere. Das bedeutet, dass jene Raben, die es schaffen, mehrere kognitive Fähigkeiten miteinander zu kombinieren, einen Vorteil gegenüber denen haben, die das nicht hinbekommen. Es braucht die Gedächtnisleistung des Erinnerns, die Impulskontrolle, die Informationskontrolle – ein gezieltes Zuschauen, ohne gesehen zu werden – bzw. das Täuschen – und dabei immer auch das Reagieren auf die Verhaltensnuancen des Gegenübers.

Noch dazu wechseln sie in diesem ganzen Versteckspiel ständig die Rollen! Je nachdem, wie erfolgreich die einzelnen Raben beim Wettstreit um Futter sind, agieren sie einmal als Verstecker, dann wieder als Plünderer. Flexibilität hat sich im Laufe der Evolution offenbar als günstig erwiesen. Das zeigt sich auch in den unterschiedlichen Phasen der Futtersuche: Wenn es sich auszahlt, arbeiten Raben temporär im Kollektiv (etwa für den Lawineneffekt) zusammen, unter plötzlich neuen Bedingungen (Konkurrenz am Kadaver) sind sie lieber als Einzelkämpfer am Start. Raben entwickelten sich so zu kognitiv höchst flexiblen Wesen.

Spielerisch lernen: Übung macht den Meister

Der Drang, Dinge zu verstecken, lässt sich bei Raben schon sehr früh beobachten: Bereits als Küken fangen sie an, kleine Fleischstücke, die ihnen die Eltern mitbringen, zwischen die Äste, aus denen das Nest gebaut ist, zu stecken und damit vor den Geschwistern zu verstecken. Für diesen basalen Drang kann man durchaus auch den Begriff „Instinkt" verwenden. Ich persönlich benutze lieber die Bezeichnung „genetisch-determinierte Verhaltensdisposition", was zwar sperrig klingt, die Sache aber besser beschreibt. Der Instinktbegriff wird heutzutage eigentlich nur noch selten verwendet, wohl weil er schwammig definiert und dogmatisch aufgeladen ist.

Der Drang zu verstecken ist also bei Raben genetisch verankert bzw. „angeboren". Aber: Wie entwickelt sich dieses „instinktive" Verhalten zu den komplexen und kognitiv anspruchsvollen Versteck- und Plündertaktiken, die wir bei erwachsenen Raben beobachten? Um das näher zu erforschen, haben wir an den handaufgezogenen Raben in Amerika eine Ontogeniestudie durchgeführt. Wir haben also untersucht, wie sich das Versteckverhalten im Lauf ihrer Entwicklung verändert. Unsere Arbeitshypothese war klar: Jungraben „wollen" verstecken – wie sie das machen und vor allem wann und wo sie das machen, ist jedoch nicht „vorprogrammiert", sondern unterliegt einer ständigen Verbesserung.

Nach den ersten Versteckversuchen im Nest und kaum ausgeflogen, fangen die Raben ganz intensiv damit an, Dinge zu verstecken – sowohl Futter als auch nichtfressbare Dinge, die ihr Interesse geweckt haben. Allerdings tun sie das zu diesem Zeitpunkt noch sehr unzulänglich – meist schauen Teile der versteckten Gegenstände hervor.

Voraussetzung für akkurates Verstecken ist eine Fähigkeit, die auch Menschenkinder erst entwickeln müssen, wenngleich das bei ihnen wohl schon innerhalb der ersten Lebensmonate passiert: Es handelt sich um die Fähigkeit, Objektpermanenz zu begreifen, ein Klassiker in den Vergleichenden Kognitionswissenschaften, definiert vom Schweizer Entwicklungspsychologen Jean Piaget.

Das bedeutet: Wissen Kinder oder Raben, dass ein Objekt noch „da" ist, auch wenn es aus ihrem Sichtfeld verschwindet, etwa weil ein Becher darübergestülpt wird? Piaget definierte dieses Vermögen als eine von sechs Stufen auf seiner entwicklungspsychologischen Skala. Er dachte sich für jede Entwicklungsstufe Verhaltensexperimente aus, die von anderen Psycholog*innen in den vergangenen Jahrzehnten zu fünfzehn Versuchen weiterentwickelt wurden. Diese werden bei Kleinkindern genauso angewendet wie bei verschiedenen Tierarten – funktionieren sie doch für alle, die (noch) nicht der Sprache mächtig sind.

Wir haben unseren Raben also einen Objektpermanenztest nach dem anderen gegeben. Im ersten Schritt zeigten wir jedem von ihnen ein Spielzeug und bedeckten dieses zu zwei Dritteln mit einem Tuch. Wenn ein Rabe das Spielzeug dreimal hintereinander sofort unter dem Tuch herauszog, war das Kriterium erreicht und er durfte den nächsten Test probieren. Nun wurde das Spielzeug oder ein Stück Leckerli komplett zugedeckt bzw. ein Becher darübergestülpt. Sobald ein Rabe auch diese Aufgabe löste – und damit die Piaget'sche Stufe 4 erreichte –, wurde es komplizierter: Nun wurde ein Leckerli umversteckt, also zunächst in einen Becher gegeben, herausgenommen und in einen anderen Becher gegeben (Piagets Stufe 5). Und schließlich wurden Leckerlis versteckt und diese versteckten, nicht mehr sichtbaren Leckerlis umversteckt (Stufe 6).

Die Raben bewältigten die ersten vier Stufen überraschend schnell; Stufe 5 erreichten sie auch nach wenigen Wochen, für Stufe 6 brauchten sie hingegen etwas länger – fast drei Monate. Interessant war, dass eine Verbesserung von Objektpermanenz in den Tests mit einem Fortschritt im Versteckverhalten einherging: Sobald die Raben etwa Stufe 4 erreicht hatten, begannen sie ihre eigenen Verstecke mit Umgebungsmaterial zuzudecken, sodass die versteckten Gegenstände nicht mehr sichtbar waren. Dies spricht eindeutig für Entwicklungsschritte ähnlich wie bei Menschenkindern.

Vielleicht beeindruckt Sie das jetzt nicht sonderlich – aber im Artvergleich sind das erstaunliche Fähigkeiten: Viele Tierarten bleiben in ihrer Entwicklung auf Piagets Stufe 4 oder 5 stehen. Selbst Hunde und Delfine! Ich kann mich gut an einen Vortrag von meiner Kollegin Kelly Jaakola über Tests auf Objektpermanenz bei Delfinen erinnern, wobei sie auch mehrere Videos zeigte – ein Aha-Erlebnis für mich: Der Delfin sollte einen Eimer antippen, in den die Trainerin zuvor einen Fisch gelegt hatte. Das klappte problemlos, der Fisch landete verlässlich im Delfinmaul.

Aber dann nahm die Trainerin den Fisch aus Eimer 1 und legte ihn in Eimer 2 – ein Rätsel für den Delfin, die Trefferquote bewegte sich im Zufallsbereich. Das Interessante daran war auch: Ich hatte den Eindruck, der Delfin wusste, dass er diese Aufgabe nicht würde lösen können. In der Verhaltensbiologie sprechen wir dabei von „Meta-Kognition". Immer, wenn der zweite Eimer dazukam, wurde er ganz nervös.

Tatsächlich mag Objektpermanenz für die hochintelligenten Delfine ökologisch keine große Rolle spielen. Mit der Reflexion ihrer hochfrequenten Klicklaute können sie zum Beispiel einen Fisch in der Seegraswiese wahrnehmen, ohne sich ihn vorstellen zu müssen. Meine Erkenntnis als

Kognitionsbiologe: Die kognitiven Gehirnfunktionen, die jeder Tierart ihre ganz speziellen Sinneswahrnehmungen ermöglichen, müssen nicht notwendigerweise unserer menschlichen ähneln; sie können auch ganz anders aufgebaut sein. Jede Tierart hat schließlich ihre ganz spezielle Art, die Welt wahrzunehmen.

Zurück zu den Raben: Interessanterweise verstecken sie als junge Raben auch vielfach Objekte, die für sie nicht essbar sind. Sie verstecken Objekte genauso sorgfältig wie Futter, aber sie versuchen kaum, diese Objektverstecke vor anderen zu schützen! Beim Futterverstecken ist das hingegen sehr wohl zu beobachten, da werden sie immer besser und scheinen eindeutig dazuzulernen.

Was hat es also mit diesem Objektverstecken auf sich? In der Literatur zu diversen Rabenvögeln hieß es eigentlich, dass die Tiere dieses Verhalten nur als ganz junge zeigen, vermutlich weil sie nicht wissen, was fressbar oder nicht fressbar ist. Das deckte sich aber nicht mit meinen Beobachtungen, dass auch ältere, und sogar erwachsene Raben immer wieder mal Objekte verstecken, auch solche, die im Freiland leben. Meine Überlegung dazu war: Vielleicht verstecken sie deshalb so viele Objekte, um an ihnen zu lernen, wie andere Raben reagieren.

Aus evolutionsbiologischer Sicht ist es schließlich viel „kostengünstiger", für Versteckspiele zuerst einmal Steinchen oder anderes Anschauungsmaterial zu verwenden. Kostengünstiger in dem Sinne, dass es weniger Aufwand ist, Objekte zum Verstecken überhaupt einmal aufzutreiben, und es dann auch nicht so schlimm ist, wenn sie verloren gehen – oder sich nicht mehr finden lassen. Gefallen finden die Raben dabei an Blumen, Hölzern, Steinen, die immer zuerst „manipuliert" werden: Sie drehen und wenden die Objekte, zupfen daran herum. Was übrig bleibt, wird dann versteckt. Das Verstecken löst bei in der Nähe befindlichen Raben fast immer einen Plünderversuch aus! Objektverstecker können auf diese Weise wunderbar alles übers Plündern lernen – und wie man es vermeidet.

Wie aber lässt sich diese Vermutung, dass Raben mit den Objekten das Verstecken üben, im Experiment überprüfen? Eine Option wäre, die kleinen Raben ganz steril aufwachsen zu lassen, ohne jede Möglichkeit, etwas zu verstecken. Doch das schien erstens in der Praxis unmöglich – sie könnten sich schließlich auch eine Feder ausrupfen, um etwas darunter zu verstecken – und zudem ethisch nicht vertretbar. Dann dachten wir an unsere damaligen halbwüchsigen Volieren-Raben, die noch häufig mit Objekten spielten. Vielleicht könnten wir an ihnen testen, ob sie durch das Objektverstecken tatsächlich etwas über andere lernen.

Davor allerdings wurde ich selbst zum Plünderer: Ich suchte in den Zimmern meiner Kinder nach diesen kleinen Figuren aus den Schokolade-Überraschungseiern: Hippos, Schlümpfe, Frösche, in einem Stück und bunt gefärbt. Sie sind mit drei bis vier Zentimeter Größe selbst bei der ausgeprägten Neophobie der Raben zu klein, um ihnen Angst einzujagen. Die „Happy Hippos" erschienen mir passend: klein, kompakt und gerade auffällig genug.

Für das winterliche Experiment stellten wir den Raben Studierende vor, die sie bisher nicht kannten, und statteten diese Personen mit je fünf der bunten Figuren aus. Die Studenten boten den Raben die Spielzeuge an und warteten. Früher oder später begannen die Tiere, die kleinen Objekte im Schnee zu verstecken.

Die Menschen waren davor in zwei Gruppen eingeteilt worden: Die „effektiven Plünderer" sollten die Verstecke, sobald vom jeweiligen Raben verlassen, sofort aufsuchen und die Figur an sich nehmen. Die „schlechten Plünderern" ließen sich genauso viel Zeit wie die „effektiven Plünderer", beschäftigten sich aber rund um den Platz des Verstecks nicht mit Ausgraben, sondern mit hilflosem Suchen.

Je drei Tage waren in dieser Trainingsphase die guten und die schlechten Plünderer am Werk. Bereits da zeigte sich, wie vorhergesagt, dass die Raben beim Verstecken der Objekte keine Fortschritte machten – etwa indem sie die Figur aus dem Überraschungsei weiter entfernt versteckten –, aber sie probierten dabei sehr wohl verschiedene Varianten aus. Entweder versteckten sie vor den Füßen der Versuchspersonen oder weit davon entfernt. Dieses Austesten machten sie verstärkt bei jenen Personen, die der Gruppe der effizienten Plünderer angehörten.

Für den eigentlichen Test brachte die Testperson dann echtes Futter mit. Schließlich wollten wir ja herausfinden, ob die Raben über das Objektverstecken etwas lernen, das ihnen beim Futterverstecken dann weiterhilft. Zu unserer großen Freude verhielten sich die Raben genauso wie vorhergesagt: Bei jenen Menschen, die sie als schlechte Plünderer ihrer Objektverstecke kennengelernt hatten, versteckten sie das Futter überall in der Voliere und meist gut sichtbar für die Testpersonen. Bei den guten Plünderern hingegen flogen sie, die Beute im Schnabel, sofort weg ins entlegenste Eck. Die Futterverstecke befanden sich somit nie im für die Testperson einsehbaren Bereich!

Damit war der Beleg erbracht, dass die Tiere die Information, die sie über das Versteckspiel mit den Objekten gewonnen hatten, definitiv auch im Ernstfall mit Futter anwenden konnten.

Raben werden aus Fehlern klug – aber begreifen sie ihr Verhalten auch?

So weit war also einmal klar: Raben lernen, ihr an sich instinktives Verhalten, „Interessantes" zu verstecken, immer gezielter einzusetzen. So können sie ihre wertvollen Futterverstecke über längere Zeiträume behalten. Umgekehrt lernen sie auch, das Versteckverhalten anderer für sich zu nutzen und deren Futterverstecke effektiv zu plündern.

Damit stellte sich für uns die nächste Frage: Handeln Raben dabei bewusst? Wenn ja, sollten sie – wie unsere Beobachtungen nahelegen – in der Lage sein, andere situationsspezifisch zu täuschen, also gezielt Information zurückzuhalten oder falsche Information zu geben. Das wollten wir uns in zwei Experimenten anschauen: Wie verstecken die Raben, wenn sie Publikum haben?

Für den ersten Versuch riefen wir jeweils einen unserer Raben in ein sogenanntes Testkompartment. Das ist ein etwa zehn Quadratmeter großer Raum, der von der Haltungsvoliere durch eine Holzwand abgetrennt und in der Mitte durch eine halbhohe Trennwand geteilt ist. Jedes Abteil, links und rechts, hatte ein Fenster – beide mit einem Vorhang bestückt –, durch das mehrere „Zuschauer-Raben" das Setting beobachten konnten. Wir gaben dem Raben im Testraum schmackhaftes Fleisch und sagten voraus, was er damit machen sollte – je nachdem, wie wir die Situation stellten.

In den Kontrollsituationen waren beide Vorhänge entweder offen oder geschlossen; hier zeigten die Raben keine Präferenz in ihrem Versteckverhalten für die rechte oder linke Seite. Dann, für den entscheidenden Test, zogen wir den Vorhang eines Fensters zu, der andere blieb offen. Und siehe da:

Unsere Erwartung, dass Raben Information über Versteckorte gezielt zurückhalten können, bestätigte sich. Nun versteckten sie das Futter sehr wohl in dem Abteil, in das die Zuschauer keinen Einblick hatten. Doch darüber hinaus beobachteten sie auch, was sich auf der anderen Seite der Voliere tat: Nahmen sie nämlich wahr, dass die Zuschauer nicht ganz am Fenster klebten, sondern etwa einen Meter vom Fenster entfernt waren, nutzten sie kurzerhand auch den Boden direkt unter dem Fenster auf ihrer Seite, der sich nun im toten Winkel der Zuschauer befand, um die Beute dort zu deponieren.

Das war erstaunlich: Die Tiere bezogen tatsächlich mehr als ihre eigene Perspektive mit ein, nämlich auch die Position der anderen Raben. War es tatsächlich möglich, dass sie auch die Perspektive anderer achten?

Im zweiten Experiment ließen wir einen Raben in einem etwa hundert Quadratmeter großen Bereich der Voliere frei ein Versteck für sein Futterstück suchen. Zwei Zuschauer-Raben konnten das alles von draußen beobachten – diesmal bei voller Transparenz für alle, ganz ohne irgendwelche Vorhänge oder Sichtbarrieren. Danach durfte zuerst einer der beiden Beobachter-Raben allein in die Voliere. Natürlich flog er sofort, innerhalb von ein paar Sekunden, zum Versteck und plünderte es. Was aber würde passieren, wenn wir beiden Beobachtern gemeinsam oder dem Verstecker-Raben mit einem der Beobachter Zutritt gewährten? Schließlich verfügten ja alle drei über das gleiche Wissen. Unsere Annahme war, dass nun die Beobachter-Raben die jeweilige Intention des Konkurrenten in ihrem Verhalten berücksichtigen würden.

Tatsächlich zeigten die Beobachter-Raben sehr unterschiedliches Verhalten, je nachdem, ob sie mit dem zweiten Zuschauer oder aber mit dem Verstecker höchstpersönlich eingelassen wurden: In ersterem Fall versuchte jeder der beiden, unabhängig vom Status des anderen Vogels, schneller zu sein – ähnlich wie bei der „scramble competition" am Kadaver.

Wenn einer der Beobachter hingegen mit dem Verstecker-Raben in die Voliere kam, war ein Riesenunterschied zu sehen: Nun hielt sich der Beobachter zunächst zurück, flog oft gar zu völlig falschen Plätzen und suchte dort nach „Verstecken" – zumindest tat er so. Denn wenn der Verstecker sich weit genug vom Versteck entfernt hatte, gab's den Überraschungsangriff – und meist eine erfolgreiche Plünderung durch den Zuschauer.

Diese Taktik des Vortäuschens falscher Tatsachen – „Ich will das Versteck gar nicht plündern, ich weiß ja nicht einmal, wo es ist" – wandten die Raben aber nur dann an, wenn sie selbst subdominant, also schwächer als der Verstecker waren. Waren sie dominant, gingen sie einfach zum Versteck und plünderten es, meist unter lautstarkem Protest des Versteckers.

Insgesamt bedeutete das für uns folgende Erkenntnis: Die Raben können verstehen, unter welchen Umständen sie sich was erlauben können, und taktieren entsprechend. Basierend auf ihrer Kontrolle von Verhaltensdispositionen („Instinkten"), auf ihrer kognitiven Entwicklung und ihrem Erfahrungswissen können Raben gezielt täuschen. Sie müssen sich ständig überlegen: „Wann, wo und wem gegenüber kann ich mir was erlauben?" Sie spielen geradezu mit der Information, die ihnen zur Verfügung steht. Sie können Information verheimlichen, Fehlinformation geben oder von ihrem Verhalten ablenken – und sind in all diesen Verhaltensweisen äußerst variabel. Raben sind große Trickser.

5

Der schwierige Blick in den Rabenkopf

Wie das „Denken“ der Tiere in Experimenten erforscht werden kann

Sich Experimente auszudenken, in denen wir die Denk- und Entscheidungsprozesse von Tieren erkunden können, ist eine heikle Angelegenheit und erfordert akribisches, schon fast detektivisches Nachdenken. Schließlich wollen wir damit mögliche Zusammenhänge in Verhaltensmustern – wie wir sie bei Tieren im Freiland oder in Volieren beobachten – auf ihre Kausalität prüfen. Bei einem Experiment gilt es daher eine Situation herzustellen, wo ein Tier sich zwischen – idealerweise nur – zwei Möglichkeiten entscheiden kann und wir vorhersagen, welche Wahl es treffen wird. Alle anderen Faktoren, die das Verhalten sonst noch beeinflussen könnten, gilt es dabei unter die Kontrolle des

Versuchsleiters zu bringen. Dafür ist ein großes Maß an Umsicht gefragt.

Solche Verhaltensexperimente finden deshalb meist in einer künstlichen Umgebung statt – bei uns und den Raben ist das in der Regel nicht das Labor, sondern das Trainings- und Testabteil ihrer Voliere. Hier können wir am besten die Umgebungsfaktoren kontrollieren, z. B. ob andere Raben beim Test zuschauen können, ohne dass sich die Raben dabei ablenken lassen. Zu den wichtigsten Kriterien seriösen wissenschaftlichen Arbeitens gehören die Validität und die Zuverlässigkeit eines Experiments: Der Test muss so aufgesetzt sein, dass einerseits die Tiere mit der Versuchsanordnung gut zurechtkommen, andererseits ihn auch ein anderer Versuchsleiter zu einer anderen Zeit an einem anderen Ort durchführen könnte. Idealerweise sollte dies dann zu dem gleichen Ergebnis führen. Letzteren Aspekt nennen wir in der Fachsprache Reliabilität.

Wenn mich jemand fragt, worin ich meine Stärke sehe, dann ist es genau dieses experimentelle Denken. Das Umsetzen von interessanten Verhaltensbeobachtungen in Fragen, die wir experimentell testen können. Das Tüfteln am „Versuchsdesign", sodass aussagekräftige Ergebnisse herauskommen. Dahinein fließen viel Gefühl und Hirnschmalz – denn oft ist es nur eine Kleinigkeit, die man nicht bedenkt, und aller Aufwand war umsonst.

Wie ich das angehe? Eigentlich „gehe" ich dabei gar nichts „an", viel eher passiert es mir. Vielleicht ist dieser Prozess ein bisschen mit der Arbeit eines Detektivs vergleichbar, der zu einem Tatort gerufen wird und den Fall aufklären soll. Ausgangspunkt sind in diesem Fall meist Beobachtungen: Aus Verhaltensstudien ergeben sich korrelative Daten, also Daten, die sich in einen Zusammenhang bringen lassen. Und darin entdecken meine Mitarbeiter*innen und ich Muster.

Etwa ergeben unsere Beobachtungen, dass Raben auf dieselben Rufe unterschiedlich reagieren: Entweder sie rufen mit oder sie ignorieren sie. Dies könnte damit zu tun haben, dass sie zwischen den Rufern unterscheiden und nur bestimmte Artgenossen „ernst" nehmen; es könnte aber auch sein, dass sie auf eine unterschiedliche Motivationslage in den Rufen achten und nur wenn es wirklich „brennt" reagieren, unabhängig davon, wer den Ruf gibt.

Um diese Kausalzusammenhänge zu klären und Alternativen auszuschließen, brauchen wir Experimente. In den Experimenten überprüfen wir Annahmen, die wir davor machen: im beschriebenen Beispiel, dass Raben unterscheiden, wer ruft, und nicht nur auf die Motivationslage im Ruf reagieren. Das ist der Punkt, an dem wir uns in meiner Arbeitsgruppe ein geeignetes Versuchsdesign überlegen: In diesem Fall war das ein Playback-Setting, wobei wir uns entscheiden mussten, mit welchen Rufen wir arbeiten wollten; wie wir sicherstellen, dass wir dafür Rufe in bestimmten Gemütslagen aufnehmen können; und wie wir im Experiment andere Raben davon abhalten, zuzuhören und „mitzureden".

Spielen wir das einmal kurz durch: Ein Vorschlag wäre, dass wir uns auf Alarmrufe konzentrieren, die wir gut unter standardisierten Bedingungen auslösen können. Das funktioniert, indem wir beispielsweise eine kurze oder lange Anwesenheit eines Adlers simulieren. Somit könnten wir Alarmrufe von uns bekannten Raben in unterschiedlichen Motivationslagen – Fressfeind nur kurz da, Fressfeind dauernd da – aufnehmen und sie dann im Playback einzelnen Raben vorspielen. Wenn sie auf dieselben Rufe von unterschiedlichen Raben unterschiedlich reagieren, obwohl wir die Motivationslage kontrollieren, dann hat sich unsere Annahme als richtig erwiesen. Wenn wir die Annahme hingegen mit dem Versuch widerlegen, kann das entweder daran liegen, dass kein Zusammenhang besteht – oder aber daran, dass das Versuchsdesign nicht gut genug war. Deshalb: Augen auf beim Aufsetzen und Durchführen des Experiments!

Am meisten interessieren mich kognitionsbiologische Experimente. Vor allem Fragen, die den Wissensstand oder die Art des „Denkens" betreffen. Wie können wir hier zu Ergebnissen kommen, die sich unmissverständlich und zweifelsfrei – im Sinne der zu untersuchenden Annahme – interpretieren lassen? Natürlich sollte ich wissen, was Wissenschaftler vor mir dazu schon ausprobiert und herausgefunden haben. Daher lese ich einschlägige Fachartikel oder frage nach, wie sie das Problem angepackt haben. Und dann gebe ich mir ein bisschen Zeit. Zeit zum Nachdenken und um das latente Prozessieren von Informationen zu ermöglichen. Um die Problemstellung einmal sickern zu lassen.

Die zündende Idee kommt mir meistens nicht, wenn ich am Schreibtisch vor dem Computer sitze und über einem Problem brüte. Vielmehr schießt sie mir zwischendurch ein, beim Essen, beim Einschlafen. Irgendeinen Ausschlag dafür gibt es aber immer: Puzzlesteine – Gedanken, Beobachtungen, Zitate –, die plötzlich zusammenpassen und einen neuen Sinn ergeben.

Dann muss ich mir sofort Notizen zur Versuchsidee machen. Und wenig später rattert es in meinem Kopf schon los: Ist ein solches Experiment realistisch umsetzbar für uns? Was benötigen wir dafür? Wie passt es in unsere Abläufe? Wer im Team könnte den Versuch am besten umsetzen? Das wird dann in der nächsten Teamsitzung besprochen.

Und falls möglich, berate ich mich mit Kolleg*innen, die mit anderen Tierarten oder Menschen an ähnlichen Problemen arbeiten, um noch einmal gemeinsam abzuklopfen, worauf im Versuchsdesign besonders zu achten ist.

Ein Experiment zu entwerfen ist für mich also kein Aufwand in dem Sinne. Eigentlich ist es genau das, wofür ich brenne. Umso mehr wurmte es mich, dass ich – und mit mir einige andere Fachkolleg*innen – eine bestimmte Kopfnuss nicht gleich knacken konnte.

Mehr als das Lesen von Körpersprache: „Theory of mind" als Gedankenlesen

Was macht den Menschen eigentlich zum Menschen? Aus meiner Sicht ist das die Kombination unserer Fähigkeiten wie Sprache, Kultur oder Kausalverständnis. Ein Beispiel für dieses Kausalverständnis ist der Gebrauch von Werkzeugen, der lange als *die* Erklärung galt, warum wir Menschen intelligent wurden. Aber nur so lange, bis Jane Goodall in den 1960er-Jahren die bahnbrechende Entdeckung machte, dass auch Schimpansen Werkzeuge verwenden – etwa, um an Futter zu gelangen. Heute wissen wir, dass mehrere Tierarten, darunter übrigens auch die Neukaledonischen Krähen – nahe Verwandte von Kolkraben – exzellente Werkzeugnutzer und -hersteller sind. Diese Eigenschaft ist also nicht typisch menschlich.

Das Äquivalent für eine solche höhere Fähigkeit im sozialen Bereich ist unser Verständnis für die geistigen Eigenschaften, die das Verhalten anderer steuern. Es ist das Konzept der sogenannten „Theory of mind". Eine „Theory of mind" (ToM) zu besitzen besagt: Ich erkenne und begreife, was du siehst, denkst oder fühlst, und bin fähig, dein Verhalten entsprechend vorherzusagen. Auch diese Fähigkeit galt lange rein den Menschen vorbehalten. Vielleicht weil sie bei Tieren schwer nachzuweisen ist?

Auch wir Menschen werden nicht mit einer „perfekten" ToM geboren. Im Gegenteil. Bei unseren Kindern entwickelt sich eine ToM schrittweise. Eine der wichtigsten Schwellen überschreiten sie im Alter zwischen drei und vier Jahren. Anfang der 1980er-Jahre haben die beiden Psychologen Heinz Wimmer und Josef Perner hierfür einen Verhaltenstest entwickelt, der adaptiert als „False-belief-task" oder „Sally-Anne-Test" bekannt wurde. Dabei wird Kindern folgende Szene vorgespielt: Die beiden Puppen Sally und Anne befinden sich gemeinsam in einem Raum, Sally hat einen Korb, Anne eine Schachtel neben sich stehen. Sally hat außerdem eine Murmel, die sie in ihren Korb legt. Dann verlässt sie den Raum. Als Sally weg ist, nimmt Anne die Murmel an sich und steckt sie in die Schachtel. Dann kommt Sally zurück und die Kinder werden gefragt: Wo wird sie nach der Murmel suchen? Kleinere Kinder zeigen auf die Schachtel, größere auf den Korb: Sie verstehen schon, dass Sally eine eigene Ansicht hat, die nicht den Verhältnissen in der Realität entsprechen muss; sie verstehen, dass Sally nicht wissen kann, dass die Murmel jetzt woanders ist.

Noch vor diesem Entwicklungsschritt beginnen Kinder zu verstehen, dass Mitmenschen eine andere Sichtweise haben können als sie selbst. Beim Versteckenspielen etwa beginnen sie sich so zu verhalten, dass nicht nur sie die anderen nicht mehr sehen können – indem sie etwa die Hände vor die Augen halten –, sondern sie selbst vor den Blicken anderer geschützt bleiben – indem sie beispielsweise unter den Tisch kriechen. Wie im vorigen Kapitel beschrieben wurde, machen Raben das ab einem bestimmten Alter auch. Könnte es daher sein, dass sie ähnlich wie Menschenkinder einen Schritt Richtung ToM machen?

Erste Hinweise lieferte uns das zuvor erwähnte Experiment mit den Vorhängen: Dass die Tiere in dem Setting auch den toten Winkel direkt unter der Fensteröffnung zum Verstecken nutzten, war für uns durchaus überraschend. Könnte es sein, dass sie mehr in ihr Verhalten einbeziehen als bloß ihre eigene Sicht der Dinge? Dazu mussten wir ein Experiment entwerfen, das die Tiere auf diese Möglichkeit hin testet. Ich führte also eine Reihe von Experimenten durch, um zu verstehen, ob Raben die Sichtweise anderer verstehen. Jedes einzelne Experiment war zwar gut durchdacht und bei jedem erzielten wir auch genau die vorausgesagten Ergebnisse; leider war aber immer auch noch eine Alternativerklärung möglich, die darauf hindeutet, dass Raben sich an Verhaltensnuancen anderer orientieren und sich somit nicht in die Gedankenwelt ihrer Artgenossen hineinversetzen müssen.

Ich kam also zu dem Schluss, dass wir mit Verhaltensexperimenten die entsprechenden Variablen nicht zufriedenstellend kontrollieren und somit keine gesicherte Aussage zur ToM-Fähigkeit treffen können. Dies änderte sich, als ich 2012 nach Bochum fuhr.

Ich war damals als Gastwissenschaftler an der dortigen Ruhr-Universität tätig. Auf Einladung von Onur Güntürkün nahm ich dabei regelmäßig an interdisziplinären Workshops teil. Dabei tauschen sich mehrere Personen aus verschiedenen Forschungsrichtungen – Psychologen, Biologen, Wissenschaftsphilosophen – darüber aus, vor welchen Fragen sie momentan in ihrer Arbeit stehen.

Alle Teilnehmer hielten Impulsreferate, ich sprach in meinem über das Sozialverhalten der Raben, ihre potenzielle Theory of Mind und wie wir gerade daran verzweifeln, mehr darüber herauszufinden. Mein Stand der Dinge damals war: Wir sind mit den Verhaltenstests bis hierher gekommen, weiter geht es nicht. Anschließend wurde die jeweilige Problemstellung in der Gruppe, also auch von den fachfremden Teilnehmer*innen, diskutiert. Ohne weiterführende Ergebnisse für mein Problem.

Bis ich mich am letzten Tag des Workshops – ich war eigentlich schon am Weg zum Flughafen – überreden ließ, mit den anderen noch mittagessen zu gehen. Cameron Buckner, ein Philosoph von der Universität Houston, Texas, sprach mich noch einmal auf meinen Vortrag an. Er stellte mir eine eher ungewöhnliche Frage und ich war eigentlich schon dabei, ihn abzuwimmeln, fragte ihn dann aber noch: „Warum willst du das eigentlich wissen?" Cameron antwortete: „Ich glaube, ihr sitzt da einem Denkfehler auf." Wir würden für das Festmachen dessen, was der Versuchsrabe „sehen" und daher „wissen" kann, stets Verhaltenssignale („cues") heranziehen. Und zwar visuelle Verhaltenssignale, zum Beispiel: Ist der Beobachter-Rabe sichtbar oder wendet er seinen Kopf zum potenziellen Verstecker hin? Gleichzeitig würden wir aber versuchen, die untersuchten Tiere auf solche Verhaltenssignale hin zu kontrollieren, da es bei der Theory of Mind ja nicht um das Lesen der Körpersprache, sondern um eine Art Gedankenlesen geht.

Genau diesen Haken hatten ich und meine Kolleg*innen auch erkannt und genau das war auch das Totschlagargument unserer Kritiker*innen. Deshalb, so Camerons Vorschlag, sollten wir doch Signale einer anderen sensorischen Qualität heranziehen, um den Raben zu vermitteln, dass Artgenossen anwesend sind und möglicherweise zuschauen könnten. Wir sollten uns also nicht so sehr auf das Sehen fixieren, sondern vielleicht auch einmal daran denken, welche Schlüsse die Raben für ihr Versteckverhalten ziehen aus dem, was sie: hören.

Ich war baff. Cameron hatte vollkommen recht. Natürlich geht es bei der Theory of Mind auch bei uns Menschen um Beobachtungen des Verhaltens unserer Artgenossen oder anderer Lebewesen, die wir als Indizien heranziehen. Der entscheidende Punkt aber ist, dass wir basierend auf diesem Gesehenen – oder Gehörten, Gefühlten, Gerochenen – mentale Interpretationen erstellen.

Wir schließen also aus der Verhaltensweise anderer auf ihre mentalen Zustände, die für uns natürlich unsichtbar bleiben – weshalb wir uns mit unseren Zuschreibungen, das sollten wir uns immer wieder bewusst machen, auch irren können! Zwei Beispiele aus dem menschlichen Alltag: Bei Personen, die wir sehr gut kennen, können wir schon daran, wie sie eine einleitende Frage stellen, ableiten, auf was sie eigentlich hinauswollen. Körperhaltung und Mimik auch völlig Fremder – etwa im Supermarkt – geben uns eine Idee davon, ob sie registriert haben, dass die Kassiererin gerade eine weitere Kassa geöffnet hat.

Genau wie wir Menschen sind viele Tiere ausgezeichnet im Beobachten von Verhaltensweisen. Dies reicht auch meist völlig aus, um auf andere in unterschiedlichen Situationen richtig einzugehen. Haustiere wie Katzen oder Hunde reagieren ausgezeichnet auf Verhaltensnuancen, die die Stimmungslage ihrer menschlichen Halter ausdrücken; dasselbe gilt für Primaten. Aber obwohl seit mehreren Jahrzehnten Versuche dazu durchgeführt werden, gibt es bisher kaum Evidenz dafür, dass Tiere fähig sind, auch *Artgenossen* mentale Zustände zuzuschreiben. Vielleicht ist das aber auch ein voreiliger Schluss und es liegt vielmehr an den mangelhaften Versuchsdesigns, dass wir noch keine geeignete Methode gefunden haben, Tiere so nach ihrer potenziellen Theory of Mind zu fragen, dass sie uns auch eine Antwort geben können – die wir wiederum fähig sind zu verstehen.

Nach dem Gespräch mit Cameron setzte ich mich jedenfalls beschwingt in den Flieger und arbeitete noch auf dem kurzen Flug nach Wien ein Versuchsdesign aus. Wie würden die Raben darauf reagieren?

Der Versuch: Gedankenleser auf die Probe stellen

Noch vor wenigen Jahren galt es in der Wissenschaftscommunity als frech, Vögeln im Allgemeinen und Raben im Speziellen eine Theory of Mind zu unterstellen. Wo doch scheinbar nicht einmal Menschenaffen darüber verfügen. Trotzdem gab es für mich mehr als genug Beobachtungen und Ergebnisse aus vorangegangenen Experimenten, die genau in diese Richtung deuteten.

Meiner Annahme nach fand unter Raben im Laufe der Evolution eine Art „kognitives Wettrüsten" statt: Die ständigen Rollenwechsel beim Verstecken und Plündern müssen sich als starker Selektionsdruck auf die Entwicklung der Spezies ausgewirkt haben. Neben dem Lernen und Verstehen des Verhaltens anderer Raben haben sie es also womöglich wirklich auch zu einer Art des Gedankenlesens gebracht – zumindest im Kontext des Versteckens und Sich-Versteckens.

Nach dem Workshop in Bochum stellte ich also eine neue Versuchsreihe auf die Beine. Für die zehn Raben, die an den Experimenten teilnehmen würden, stand dabei wieder etwas im Zentrum, ohne das ich als Forscher nicht weit gekommen wäre: Käse. Im Prinzip sah das Design des Versuches so aus: Ein Rabe versteckt sein Stück Käse in einem Versuchsabteil, indem er es dort nach Rabenart – und mehr oder weniger ausführlicher Inspektion des Geländes – im Boden verscharrt. Im Nachbarabteil, abgetrennt durch eine Wand mit Fenster und Guckloch, befinden sich zwei oder drei andere Raben, die – ist der Vorhang des Fensters zurückgezogen – den Verstecker beobachten können. Der Verstecker kann sie umgekehrt genauso sehen und hören. Wenn der Vorhang hingegen zugezogen ist, können die beiden Parteien (Verstecker/potenzielle Plünderer) einander nur noch hören, allerdings nicht mehr sehen.

Im ersten Schritt dokumentierte ich das Verhalten der Verstecker bei offenem oder zugezogenem Vorhang. Wie erwartet, versteckten sie schnell und möglichst unauffällig, wenn die anderen Raben zusehen konnten. Wenn der Vorhang zugezogen war, brauchten sie hingegen lange, bis sie ihr Versteck fertig hatten; sie kehrten auch immer wieder zu dem Versteck zurück und besserten die Abdeckung mit Sand oder Steinen nach. Diese Verhaltensmuster kannten wir bereits. Im Experiment lief somit alles nach Plan.

In Phase zwei gab ich jedem Raben einzeln die Möglichkeit, durch ein etwa nussgroßes Guckloch zu schauen. Er hatte also die Möglichkeit zu beobachten, ob auf der gegenüberliegenden Seite gerade Käse versteckt wird. Dieses Guckloch hatte ich vor Beginn des Experimentes gebohrt und mit einem verschließbaren Deckel versehen. Ich konnte somit genau bestimmen, ob und wie die Raben das Guckloch nutzen konnten.

Der dritte Schritt glich dann wieder (fast) dem ersten: Von den zwanzig Versteckdurchgängen pro Rabe war nach dem Zufallsprinzip manchmal der Vorhang offen, manchmal geschlossen – und manchmal, und das war nun neu, wurde bei zugezogenem Vorhang das Guckloch geöffnet. Eine weitere Änderung war, dass ich in der Gucklochsituation die Beobachter-Raben durch eine Tonaufnahme ersetzte. Der Verstecker-Rabe konnte also zwar Geräusche von Raben im Nachbarabteil hören, die ich in Stufe eins des Experiments aufgenommen hatte, diese Raben waren aber eigentlich nicht da, jedenfalls für ihn nicht sichtbar.

Diese Gucklochsituation sollte uns den entscheidenden Hinweis dafür liefern, ob Raben über Ansätze von einer Theory of Mind verfügen: Die Verstecker hatten in Phase zwei des Experiments bereits ja alle selbst die Erfahrung gemacht, dass sie durch das Guckloch schauen konnten – allerdings nur in eine Richtung. Gehen sie nun auch davon aus, dass die Raben vom Nachbarabteil auch sie durch das Guckloch beobachten können? Wenn ja, sollten sie den Käse rasch verstecken und möglichst nicht an den Ort des Versteckes zurückkehren – also genau so, wie sie üblicherweise in der Beobachtersituation mit offenem Vorhang agierten. Und tatsächlich: Kaum war das Guckloch offen, verhielten sie sich so, als würden sie beobachtet werden!

Damit hatten wir den zahlreichen Skeptiker*innen ein Schnippchen geschlagen: In dieser Versuchsanordnung ließ sich das Verhalten der Raben nicht damit wegargumentieren, sie hätten das Verhalten ihrer Beobachter-Raben gelesen. Weil die Beobachter diesmal gar nicht anwesend waren. Die Verstecker-Raben müssen sich zusammengereimt haben, dass da Artgenossen sind, die sie beobachten könnten – weil sie sie hören konnten und weil sie selbst Erfahrung mit dem Guckloch hatten. Sie schrieben den imaginären Konkurrenten also einen mentalen Zustand zu. Damit belegten wir eindeutig, dass Raben im Kontext des Futterversteckens nicht nur ausgezeichnet darin sind, Verhalten anderer zu lesen, sondern auch bis zu einem gewissen Grad zum Gedankenleser werden.

Allerdings zeigen wir dadurch nicht automatisch, dass Raben über eine Theory of Mind verfügen, wie wir Menschen sie haben. Meiner Meinung nach funktioniert unsere ToM wesentlich differenzierter und viel flexibler. Trotzdem finde ich es nach wie vor unglaublich, wie weit ausgeprägt die ToM bei Raben ist. Dass sie in Theory-of-Mind-Experimenten ähnliche Ergebnisse liefern wie Menschenaffen, ist zudem ein Indiz, dass diese Fähigkeit nicht nur in der evolutionären Linie des Menschen entstanden ist, sondern konvergent in mehreren, nicht miteinander verwandten Arten.

Interdisziplinär und flexibel: Wie wir uns bei der Zusammenarbeit im „Gedankenlesen" üben

Diese Zusammenarbeit mit Cameron Buckner, dem Philosophen aus Houston, war ursprünglich nicht geplant. Aber in der Auseinandersetzung mit ihm und den anderen Expert*innen in Bochum, ist deutlich zu erkennen, wie frucht-

Von Beobachtungsstudien zu Experimenten: Alltägliche Szene nach einer Fütterung (linke Seite). Ein Rabe versteckt Futter in der Holzkiste (Bildmitte), während er von einem anderen Raben (Bildvordergrund am Boden) beobachtet wird. Ein weiterer Rabe spielt Kopfüberhängen (ganz vorne im Bild) und gaukelt somit völliges Desinteresse am Versteck vor – was nicht stimmt, wie sich im anschließenden Plünderungsversuch zeigen wird.

Rechte Seite: In diesen Versuchsabteilen können Raben einzeln abgetrennt und ihre Sichtmöglichkeiten manipuliert werden. Die Verbindungstüren sind entweder blickdicht (wie die Türe rechts im Vordergrund) oder transparent (wie die Türe rechts im Hintergrund). Das Guckloch zwischen den beiden Abteilen kommt nur im Experiment zum Einsatz; es befindet sich auf etwa einem halben Meter Höhe links neben der vorderen Tür und ist mit einer Holzplatte abgedeckt.

bar so ein interdisziplinärer Austausch sein kann – also ein Austausch mit Kolleginnen oder Kollegen, die zwar in einem anderen Fachbereich zu Hause sind, aber ähnliche Themen beforschen. Das bestärkte mich darin, auch in Wien Strukturen zu schaffen, die einen solchen Austausch ermöglichen.

Seit Jahren engagiere ich mich intensiv in mehreren interdisziplinären Initiativen der Universität Wien, die sich schließlich zum „Vienna Cognitive Science Hub" und zur „Vienna Doctoral School in Cognition, Behavior and Neuroscience" (kurz „VDS CoBeNe") entwickelt haben. Es handelt sich dabei um Zusammenschlüsse von Kolleg*innen aus unterschiedlichen Disziplinen, hauptsächlich Biolog*innen, Psycholog*innen, Neuro- und Geisteswissenschaftler*innen. Während der Hub sich auf Forschung konzentriert, kombiniert die Doctoral School Forschung mit Ausbildung von Dissertant*innen. Letzteres ist mir ein besonderes Anliegen. Gemeinsam mit einem Leitungsteam aus den verschiedenen Disziplinen und meiner Mitarbeiterin Petra Pesak als tatkräftige Koordinatorin haben wir in den vergangenen Jahren Strukturen geschaffen, die nicht nur eine fundierte fachliche Ausbildung unterstützen, sondern es den Studierenden erlaubt, sich über Fachgrenzen hinweg auszutauschen.

Uns alle verbindet unser Forschungsinteresse, aber auch verschiedene methodische Ansätze: Eyetracking, eine Technik, um Blickbewegungen von Mensch oder Tier aufzuzeichnen, interessiert zum Beispiel sowohl Kunsthistoriker*innen als auch Psycholog*innen oder Verhaltensbiolog*innen in ihrer Forschung. Zahlreiche wissenschaftliche Studien sind aus der Zusammenarbeit zwischen den Disziplinen bereits entstanden, in meinem Fall zuletzt eine zum Thema der emotionalen Ansteckung, eines Vorstadiums der Empathie. Dafür zog ich etwa den Neuropsychologen Claus Lamm zu

Rate, einen der führenden Wissenschaftler in der Empathieforschung, den ich über CoBeNe kennen und schätzen lernte. Es tut gut, Ansprechpartner*innen nicht nur in den eigenen Reihen, sondern auch in verwandten Disziplinen in Wien zu haben. Die eigene Forschungsarbeit lässt sich dadurch auch breiter aufstellen. Sie gewinnt an Geltung und Relevanz.

Über Fächergrenzen hinweg zusammenzuarbeiten verlangt uns aber auch etwas ab. Jedenfalls braucht es dazu Mut, die eigenen sicheren Bereiche zu verlassen, und es braucht Vertrauen untereinander. Es braucht eine gemeinsame Wellenlänge, man muss miteinander können (wollen). Es kann bereichernd sein zu sehen, wie die Kolleg*innen Theorien manchmal völlig anders als man selbst interpretieren. Gleichzeitig gilt es auch Verständnis für das Gegenüber aufzubringen.

Jede und jeder von uns muss sich schließlich in manchen Anforderungen nach der Decke strecken. Ich etwa dann, wenn es um die Stichproben meiner Versuche geht. In der Rabenforschung arbeiten wir meistens mit etwa einem Dutzend Raben pro Experiment – für unsere Verhältnisse ist das wunderbar, wir haben die größte Rabenhaltung in ganz Europa, eigentlich weltweit. Und die benötigt einiges an Ressourcen. Sozialwissenschaftler*innen hingegen, die Stichproben von Hunderten oder Tausenden Menschen gewohnt sind, schütteln vielleicht über meine Stichproben von zehn, zwölf oder fünfzehn Tieren den Kopf. Allerdings geht es in meinem Fach in erster Linie darum herauszufinden, ob bestimmte Fähigkeiten bei Tieren überhaupt nachweisbar sind. Dafür reicht meine Stichprobe aus.

Wir haben in unserer fachübergreifenden Zusammenarbeit auch gelernt, darauf zu achten, nicht aneinander vorbeizureden. Denn auch das kann passieren, etwa wenn wir von

Konzepten ausgingen, die zwar den gleichen Namen tragen, aber unterschiedliche fachspezifische Definitionen haben. Es ist durchaus aufwendig, Interdisziplinarität im wissenschaftlichen Betrieb zu leben.

Ich habe mich immer schon gern auf Diskussionen über Konzepte und Methoden eingelassen. Dabei achte ich selten darauf, aus welchen Forschungsrichtungen meine Diskussionspartner kommen – und welche vorgefassten Meinungen mit diesen verbunden sind. Ich erinnere mich noch gut an einen Methodenvortrag, den ich als junger Dissertant Ende der 1990er-Jahre am Max-Planck-Institut für Verhaltensphysiologie in Seewiesen halten durfte. Im Anschluss daran hatte ich ein ausführliches Gespräch sowohl mit dem Leiter, Wolfgang Wickler, als auch mit Hans Kummer, einem der führenden Primatologen im deutschsprachigen Raum zur damaligen Zeit. Ersterer war zwar skeptisch gegenüber kognitionsbiologischen Ansätzen, aber durchaus angetan von den methodischen Verbesserungen in den Versuchsdesigns. Kummer indes ermutigte mich in meiner Herangehensweise. „Behalten Sie sich diesen Zugang: mit offenen Augen in die Forschungsarbeit hineinzugehen, nicht mit einer vorgefassten Meinung“, sagte er zu mir. Das versuche ich bis heute zu tun.

Von Hans Kummer lernte ich außerdem, was einen guten Experimentator ausmacht: Das ist einerseits das saubere methodische Arbeiten; andererseits die Vertrautheit mit seinen Tieren – er muss sie kennen und auf sie individuell eingehen. Schließlich hat jedes Tier seinen Charakter, den wir auch lesen lernen können.

Das erinnert mich an meine Zeit in den USA: Wir hatten dort damals sieben Raben, um mit ihnen zu arbeiten – eine grenzwertig kleine Stichprobe. Fünf der Tiere waren leicht zu handhaben. Ich rief sie beim Namen und sie kamen und nahmen im Testraum Platz. Doch dann gab es da Rabe Nummer 6, Frank, und als siebenten Noring (weil er keinen Fußring trug). Beide hatten ihre Allüren und verlangten eine Sonderbehandlung: Frank wollte immer der Erste im Versuchsabteil sein. Andernfalls streikte er einfach und war nicht zu bewegen, am Versuch teilzunehmen – ob aus Zorn, Frust oder Kränkung. Noring war der Chef der Rabenbande und wollte im Gegensatz zu Frank überhaupt nicht allein bleiben. Die Tür zu schließen war eine Aufgabe, die ich nur mithilfe von Schnüren bewerkstelligen konnte, denn Noring reagierte auf jeden Schritt, den ich zur Tür machte; indem ich die Tür in einigem Abstand über meine Schnüre zuzog, hatte ich hingegen eine Chance. Noring war auch immer als Erster mit seinen Aufgaben fertig und musste dann auf die anderen warten. Bei dieser Gelegenheit kam er häufig mit aufgestellten Federohren – eine Imponiergebärde! – auf mich zu, um klarzustellen, dass eigentlich er es war, der hier das Sagen hatte. Irgendwann fing er sogar an, bei dieser Show-off-Parade meine Sprachmelodie nachzuahmen – davon wird später noch die Rede sein.

Um auf meine Stichprobe von zumindest sieben Raben zu kommen, musste und wollte ich auch Frank und Noring als Teilnehmer dabeihaben. Also ging ich auf ihre individuellen Vorlieben ein. So mache ich das auch heute noch – wenn es mir nicht zu viel abverlangt. Denn die Qualität der Forschungsarbeit darf bei aller Flexibilität selbstverständlich nicht leiden. Es ist ein ständiges Abwägen von Pro und Kontra: Will ein Rabe partout immer am Beginn einer Versuchssession drankommen und verweigert andernfalls die Mitarbeit – hatte ich auch schon –, dann soll das eben so sein. Die Versuchsreihenfolge wird in diesem Fall später nicht als „randomisiert", also ganz und gar zufällig, sondern als „semirandomisiert“ ausgewiesen. Ein anderer Rabe springt mir vor dem Versuch stets mit einem Hopser über die Schulter und schnappt sich dabei das Gummiband, das meine Haare zusammenhält. Ist er an der Reihe, weiß ich in der Früh schon, dass ich an diesem Tag ein zweites Gummiband in die Voliere mitnehmen muss. Vorauseilender Forschergehorsam, sozusagen.

Ich muss also auf die Raben als Individuen eingehen können, immer wieder versuchen, ihre Gedanken zu lesen – und mir dabei ständig überlegen: Was ist prioritär für die Fragestellung, die ich mit meinem Versuch überprüfen will? Auch biologische Systeme sind niemals starr, sie verändern sich ständig. Wenn ich sofort auf die Stoppuhr drücken würde, während der zuletzt erwähnte Rabe noch mit meinem Haarband beschäftigt ist, die Zeit für den Versuch also beim Betreten der Voliere gleich zu laufen beginnt, werde ich mit ihm nicht weit kommen. Stattdessen warte ich bei diesem Vogel mit dem Start eben um zwei Minuten länger, bis ihn mein Haarband nicht mehr interessiert und er es fallen lässt.

Manchmal ist es schwierig, unseren Studierenden zu vermitteln, dass sie als Versuchsleiter*innen diese Balance herstellen müssen: die Balance zwischen wissenschaftlicher Seriosität und Sorgfalt, die verhaltens- und kognitionsbiologische Experimente unbedingt erfordern, bei gleichzeitiger Flexibilität und einem Nachsehen der „Macken“ einzelner Individuen. Kein Wunder, dass einem das am Anfang schwerfällt: Schließlich bedeutet es, streng und großzügig zugleich zu sein.

6

Von Vielfliegern und Dableibern

Satelliten-Monitoring gibt Einblicke in die Raumnutzung und Bewegungsmuster der Raben

Gewissermaßen sind wir alle Vögel, die in der Weltgeschichte herumfliegen. Manche von uns ziehen immer wieder größere Kreise, andere kleine, manche finden fernab ihres Geburtsorts ein neues Zuhause, andere gehen von dort nie fort und bewegen sich stattdessen nur entlang altbekannter Routen.

Ich zum Beispiel bin Mattersburger. Mattersburg ist eine kleine Stadt im östlichsten Bundesland Österreichs, dem Burgenland. 1971 dort geboren und aufgewachsen, ging ich zum Studieren später nach Wien, für weitere Forschungsaufenthalte – wie Sie schon erfahren haben – danach auch nach Übersee. Irgendwann wurde ich, zurück in Österreich, wieder in Mattersburg sesshaft. Heute pendle ich von hier aus regelmäßig nach Wien, an den Haidlhof im niederösterreichischen Bad Vöslau, an die Konrad-Lorenz-Forschungsstelle in Grünau, Oberösterreich, manchmal – für Konferenzen oder Projekte – natürlich auch viel weiter weg. Aber ich kehre immer wieder hierher zurück: nach Mattersburg.

Bei Raben ist das übrigens ziemlich ähnlich! Das Sozialleben von Kolkraben gleicht unserem nämlich auf verblüffende Weise: Jungraben wachsen im Brutgebiet ihrer Eltern auf – vergleichbar mit meinem Aufwachsen in einer Siedlung in Mattersburg. Als Jugendliche schließen sie sich anderen Raben an und kommen dadurch etwas herum – vergleichbar mit meiner Zeit in Wien. Als Erwachsene versuchen sie selbst sesshaft zu werden, wobei sie davor einige Ausflüge in fernere Gebiete machen können. Jetzt könnte man natürlich argumentieren, dass nicht alle Menschen den gleichen Lebensweg beschreiten, sondern es eine Vielzahl von Möglichkeiten gibt. Auch das scheint bei Raben nicht anders zu sein. Warum sollten sie in ihrer Reisefreudigkeit, in ihrem Entdeckungsdrang, in ihrer Sesshaftigkeit nicht auch ähnlich verschiedenartig sein – genau so wie wir Menschen?

Als wir in den 1990er-Jahren begannen, die wildlebenden Raben in Grünau zu markieren, konnten wir unsere Forschung damit auf ein neues Level heben: Auf Basis der Beobachtung dieser Individuen erwarteten wir uns Aufschlüsse darüber, wie die Gemeinschaft der Raben funktioniert. Das ähnliche Aussehen der schwarzgefiederten Kollegen macht die Unterscheidung der einzelnen Tiere schwierig: Unter Freilandbedingungen endlich verlässlich zu erkennen, wer wer ist, war für unsere Forschung auch deshalb so wichtig, weil wir von der Volierenhaltung bereits wussten, dass sich Raben individuell ganz unterschiedlich verhalten können.

Bald zeigten sich erste Muster im Verhalten unserer markierten Raben. Und schon wurden wir überrascht. Wir gingen damals zum Beispiel davon aus, dass unsere Raben alles „Grünauer“ sind. Ja, vielleicht machen sie einmal einen Ausflug über den Berg ins Nachbartal; sie bewegen sich aber bestimmt innerhalb des örtlichen Bezirks, Gmunden, so unsere Annahme. Rund um die Forschungsstelle, speziell im Cumberland-Wildpark, gibt es ja Futter im Überfluss – warum also sollten sie von hier wegwollen?

In den ersten zwei Wochen nach dem Markieren war die Welt noch in Ordnung: Von den rund dreißig markierten Raben ließen sich fast alle regelmäßig an der bekannten Futterstelle beim Wildschweingehege blicken. Super, dachte ich, mit denen kann ich jetzt wunderbar in den kommenden Jahren arbeiten. Aber dann begann der schleichende Schwund: Erst waren zwei Raben weg, dann noch einer, dann ein vierter und fünfter. Nach wenigen Wochen gingen uns die Hälfte der Raben in unseren Aufzeichnungen ab! Ich war erschüttert: Was passiert da, wohin verschwinden unsere Tiere? Sterben sie, wandern sie ab? Muss ich sie abschreiben oder tauchen sie vielleicht doch wieder auf?

Dann zeigte sich: Die meisten der abgängigen Raben tauchten tatsächlich früher oder später wieder auf bzw. sie kommen und gehen einfach in unterschiedlichsten Zeiträumen. Einige waren monate- oder gar jahrelang unterwegs, kamen zurück, einer blieb dann für drei Tage, ein anderer für zwei Wochen. Und war dann wieder weg. Umgekehrt blieben andere monate- bis jahrelang bei uns im Tal. Sehr rätselhaft für uns – und anfangs mühsam für unsere Forschungsaufzeichnungen, weil die Vögel mit ihrer flatterhaften An- und Abwesenheit unsere Datensammlungen durchlöcherten. Offenbar hatten einige eine viel größere „Home-Range“, also einen größeren Begriff von „Zuhause", als wir angenommen hatten. Wohin sie für ihre Trips flogen und wie lang sie an (mehreren?) anderen Orten blieben, lag dennoch weiterhin im Dunkeln: Die Tiere mit GPS-Sendern auszustatten wäre damals noch viel zu teuer gewesen. (Spoiler: Auch heute ist es nicht günstig.)

2008 startete ich unser bis heute laufendes Langzeit-Monitoringprojekt. Mit Anna Braun hatte ich damals auch eine Dissertantin mit einem „goldenen Händchen" bzw. viel Gespür für das Rabenfangen. Sie markierte um die hundertfünfzig Raben! Die nachfolgenden Dissertant*innen Georgine Szipl, Matthias Loretto und Mario Gallego-Abenza standen ihr um nichts nach und so halten wir nun bereits bei über fünfhundert markierten Raben.

Mittlerweile haben wir durchgehende „Anwesenheitslisten" der Raben bei der Wildschweinfütterung – täglich dokumentieren Studierende, welche Raben heute da sind – typischerweise sind das zwischen zehn und dreißig Individuen. Kommt einer zu spät, wird er für den Tag auch noch nachgetragen. 2013 wurden die ersten zehn Tiere in Grünau von Matthias per GPS (Global Positioning System) besendert. Für uns höchst spannend und die nächste Stufe hin zu mehr Einsicht in reale ökologische Zusammenhänge: Damit würden wir, so hofften wir, jedenfalls mehr über jene Abschnitte des Daseins unserer Raben erfahren, die man auch ganz ohne Effekthascherei als ihre „geheimen Leben" bezeichnen kann. Ehrlich gesagt rechneten wir immer noch damit, dass die Tiere doch in relativer Nähe bleiben, sich wohl höchstens im Salzkammergut bewegen würden.

Das traf auch zu. Allerdings nur auf einen Teil von ihnen: Anhand der nun sehr genauen räumlichen Daten fanden wir Bestätigung dafür, dass etwa ein Drittel der besenderten Vögel über mehrere Jahre in der Region blieb. Sie flogen zwar auch für wenige Tage auf kleine Exkursionen aus, aber rund dreihundert Tage im Jahr fanden sie sich in Grünau zur Wildschweinfütterung ein. Wir nennen solche Raben die „lokalen Nichtbrüter". Ein zweites Drittel, die „regelmäßigen Besucher", ließ sich immer wieder bei uns blicken, war dann aber auch für längere Zeiträume weg. Und dann gab es da noch das dritte Drittel, das wir praktisch kaum mehr zu Gesicht bekamen, die „Touristen".

Ihre Reichweite hatten wir vollkommen unterschätzt: Sie bewegen sich vorwiegend entlang der Nord-Süd-Achse auch über den Alpenbogen, zwischen Garmisch-Partenkirchen, Kitzbühel, Südtirol und fliegen bis in die Po-Ebene und nach Slowenien. Einige Raben haben tatsächlich derart grenzüberschreitende Gebiete im Blick, die sie unregelmäßig, aber doch abdecken. Foxy, ein damals zweijähriges Weibchen, verbrachte einige Tage im Sommer bei uns im Almtal, den Winter rund um Kitzbühel und das Frühjahr darauf an verschiedenen Orten in Südtirol und im Friaul. Sie konnte dabei auch bei einer Geierfütterung nahe Udine in Italien beobachtet und fotografiert werden. Einige Monate später war sie wieder in Österreich, diesmal in St. Johann im Pongau.

Abgesehen von den GPS-besenderten Raben gibt es auch unter den nichtbesenderten Tieren solche, deren Biografien wir – obwohl jahrelang nicht gesehen – steckbriefartig mitverfolgen können. „Kennst du Nero?", fragte mich letztens Awani Bapat, eine meiner neuen Doktorandinnen in Grünau. Manchmal reden wir Forscherinnen und Forscher untereinander über die Tiere wie über alte Bekannte. Klar kenne ich Nero.

Er ist Jahrgang 2009, ein Nachkomme von jenen Rabeneltern, die auf dem Felsvorsprung gegenüber der Forschungsstation brüteten und uns gut bekannt waren. Seinen Vater, M, habe ich 1997 markiert; die Mutter, M-Frau, markierten wir etwas später. Dass hier geschlüpfte Jungraben ein fixes Territorium im Tal bekommen, ist aber ungefähr so wahrscheinlich wie ein Lotto-Sechser. Ab 2013/14 sahen wir Nero deshalb nur mehr unregelmäßig in Grünau. 2017 erhielten wir von einem Jäger ein Lebenszeichen, ein Foto von ihm bei einer Wildfütterung. Heute wissen wir, dass er sich meistens in der Gegend um Bad Ischl aufhält. Das ist durchaus typisch – viele unserer Raben haben so etwas wie eine Lieblingsgegend, auch wenn das (noch) nicht ihr Territorium sein muss.

„Nero ist da gewesen", erzählte mir Awani. Und zwar: mit einem Weibchen, offensichtlich seiner Partnerin, denn die beiden waren ständig beisammen und kraulten sich auch immer wieder gegenseitig. Spätestens dann, wenn die Tiere Partner oder Partnerin zur Fortpflanzung gefunden haben, versuchen auch die Vielflieger territorial bzw. sesshaft zu werden. Dies muss jedoch nicht bedeuten, dass sie sich ausschließlich in ihrem Territorium aufhalten. So kamen Nero und seine Frau diesmal kurz auf Besuch; nach ein paar Tagen waren sie wieder fort – wahrscheinlich zurück in ihrem Territorium.

Raben auf der Skihütte: Was bewegt euch zum ständigen Kommen und Gehen?

Ich sitze vor dem Laptop und sehe mir zum wiederholten Mal eine computeranimierte Landkarte an, die mir Matthias Loretto geschickt hat. Sie zeigt einen Ausschnitt zwischen Bayern, Oberösterreich, Salzburg und Tirol. Verschiedenfarbige

Punkte in Pink, Ocker, Dunkelblau, Türkis, Hellgrün und Rot bewegen sich darauf. Es handelt sich um die Bewegungsprotokolle einzelner Raben über den Zeitraum von sechs Monaten. Manche bleiben in und rund um Grünau stationär, andere bewegen sich über große Distanzen über den gesamten Kartenausschnitt. Innerhalb einer weiten Fläche kristallisieren sich auf diese Weise viele kleine Gebiete heraus, wo sich die Raben über Tage aufhalten. Auf der Karte sieht das aus wie ein Flickenteppich. Am interessantesten für mich ist aber, dass die Raben nicht zufällig herumfliegen, sondern gezielt zwischen bestimmten Orten hin und her wechseln. Wir wissen mittlerweile, was die Raben an diesen Orten suchen – und finden: Futter, das die Menschen hinterlassen, zum Beispiel auf Skihütten.

Bevor wir mit dem Besendern begonnen hatten, wusste ich von Kollegen in Tirol, dass es nahe Kitzbühel eine große Nichtbrütergruppe gibt. Zu diesem Zeitpunkt hätte ich nie gedacht, dass sich darunter auch welche von unseren Raben befinden. Anhand der GPS-Daten zeigte sich dann aber: Einige von uns in Grünau markierte Raben leben (temporär) in Tirol! Bemerkenswert auch: Die Bewegungsmuster jener, die viel herumfliegen – und eben noch nicht territorial gebunden sind –, beschränken sich hauptsächlich auf den alpinen Raum. Sie machen nur selten Ausflüge ins Flachland. Zwar sind immer wieder einmal einige Tiere in Süddeutschland oder Tschechien zu finden, zum Teil fliegen sie sogar hinauf bis Würzburg, aber lange bleiben sie dort nie. Die östliche Reichweite unserer Raben endet (aktuell) etwa bei St. Pölten.

Warum sie derart an den Alpen hängen, dazu können wir im Moment nur Vermutungen anstellen. Eine davon lautet: Die Raben haben eine Habitatsprägung. In den Bergen brüten die Tiere auf Felsvorsprüngen, in Felsnischen. Wenn sie nun als Jungvögel in solchen Gegenden aufwachsen, lernen sie: So und nicht anders hat ein Brutplatz auszusehen. Und da sie im Flachland keine entsprechenden Strukturen finden, kommen sie wieder zurück. Kolkraben können sehr wohl auch auf Bäumen brüten, in anderen Regionen Europas tun sie das außerhalb der Gebirge auch.

In vielen Gegenden Europas wurden Raben in den vergangenen hundertfünfzig Jahren ziemlich heftig verfolgt, das bedeutet: geschossen oder vergiftet. Viele von Menschen geprägte Gebiete waren lange rabenfrei, mittlerweile findet langsam eine Wiederbesiedlung statt. In Deutschland hat man das genauer verfolgt: Die Besiedelung erfolgt dort hauptsächlich von Nordosten her, nicht von Süden, von den Alpen. Diese Beobachtung unterstützt die These, dass Baum- und Klippenbrüter unter den Raben vielleicht unterschiedliche Vorstellungen davon haben, was einen geeigneten Lebensraum ausmacht.

Nun einmal abgesehen von den unterschiedlichen Reichweiten einzelner Tiere und der offenbar unsichtbaren Grenze der Ausbreitung unserer alpinen Vögel mit sinkender Seehöhe: Was bewegt denn einzelne Raben – vor allem jene aus den Nichtbrütergruppen – zum dauerhaften Bleiben oder Kommen und Gehen? Das interessiert uns nach wie vor sehr, denn es sollte Auswirkungen darauf haben, wie Raben miteinander umgehen bzw. wen sie wo treffen können. Wir haben mittlerweile auch mehrere Theorien dazu, abhängig von verschiedenen Bedingungen im Alltag der Vögel, die ihre Leben mitbestimmen.

Die durch die GPS-Daten erstmals erfasste Dynamik innerhalb der Grünau-Gruppe überraschte uns primär deshalb so, weil die Forschungsstation und der angrenzende Wildpark zwei für die Raben höchst relevante Bedingungen erfüllten: Erstens gibt es hier ausreichend Futter und zweitens eine relativ hohe Sicherheit durch die Anwesenheit von uns Forscher*innen. Ansonsten gelten herumziehende Rabentrupps uns Menschen oft als „lästig", aber hier im Cumberland-Wildpark genießen sie – nicht zuletzt aufgrund der 1997 hier gedrehten „Universum"-TV-Dokumentation „Das Tal der Raben" – eine gewisse Reputation und gehören als Attraktion dazu wie die Gehegetiere. Zudem gibt es im Park für die Raben praktisch wie in einem Hotel mit Halbpension zu fixen Zeiten Fressen. Wieso fliegen sie dann weg?

Interessanterweise handelt es sich bei den Auswanderern oft ausgerechnet um diejenigen Tiere, die am effizientesten im Nahrungserwerb sind. Eine Hypothese ist deshalb folgende: Es geht den Raben um das Soziale. Nichtbrüter versuchen sich in bestehende Gruppen zu integrieren; dabei müssen sie lernen, mit anderen auszukommen und sich in die Ranghierarchie einzufügen. Wenn das nicht klappt, lassen sie es bleiben und ziehen weiter – oder probieren es ein anderes Mal wieder, wenn sich die lokale Gruppenkonstellation geändert hat. Vielleicht kommen sie mit ganz bestimmten Individuen nicht aus? Vielleicht machen ja auch die territorialen Brüter Druck, indem sie ihnen Futter wegnehmen?

Das ist zwar nach wie vor meine Lieblingshypothese, leider fanden wir bis jetzt nur bedingt eine Bestätigung dafür, wirklich überzeugend sind die Ergebnisse noch nicht.

Eine alternative Hypothese ist, dass das Herumziehen von der Verwandtschaft abhängt. Dazu schauen wir uns gerade die genetischen Verwandtschaftsanalysen von vierhundert Raben an – die vorläufigen Resultate lassen aber nicht auf einen Zusammenhang mit familiären Bindungen schließen. Allerdings sind wir auch mit der angewandten Methode noch nicht richtig glücklich; wir werden daher die bereits vorhandenen Blutproben anhand einer neuen Methode noch einmal analysieren.

Die Mobilität mancher Tiere scheint auch keine geschlechtsspezifische Strategie oder eine Alterssache zu sein: Wie schon erwähnt, konnten wir mittlerweile nachweisen, dass die Nichtbrütergruppen altersmäßig diverser als gedacht sind und sich zu ungefähr gleichen Teilen aus Weibchen und Männchen zusammensetzen. Etwa zwei Drittel ihrer Mitglieder sind noch nicht oder gerade erst geschlechtsreif und entsprechen damit einer „Jugendbande", dem Bild, das wir lange von diesen Kollektiven hatten. Aber etwa ein Drittel der Tiere – die entsprechend der mittlerweile überholten Theorie längst territorial geworden sein müssten – sind Erwachsene im Alter von bis zu zehn oder fünfzehn Jahren. An ihnen sehen wir: Ob die Raben aus den Nichtbrütergruppen viel unterwegs sind oder eher ortstreu, hat mit ihrer Anzahl an Lebensjahren nur bedingt zu tun. Um definitive Aussagen treffen zu können, läuft unser Monitoring allerdings noch zu kurz: Wir befinden uns mit unseren Beobachtungen jetzt im fünfzehnten Jahr – die Lebenserwartung von Raben im Freiland kann allerdings bis zu dreißig Jahren betragen.

Im Moment scheint folgende Annahme am vielversprechendsten: Die Fluktuation der Tiere könnte eine Sache individueller Präferenzen oder Neigungen sein, im Sinne von: Entweder bin ich generell ein neugieriger Vogel, explorativ und schaue mir viel an; oder ich bin konservativ und bleibe eher an einem Ort sitzen. Ähnlich wie in der Humanpsychologie lassen sich auch bei Raben Persönlichkeitsfaktoren identifizieren: Sind einzelne Tiere eher offen oder scheu gegenüber Neuem, sind sie mutig oder zurückhaltend?

Noch können wir nur einen kleinen Teil vom Gesamtbild erkennen. Größere Bereiche ihrer geheimen Leben ließen sich erschließen, wenn wir mehr markierte Raben hätten. Derzeit halten wir bei etwa fünfzig Prozent der freifliegenden Raben in Grünau; um belastbarere Aussagen machen zu können, bräuchten wir etwa achtzig Prozent. Doch das ist schwierig zu bewerkstelligen: Einige Raben sind zu schlau, um sich für den Dienst an der Wissenschaft fangen zu lassen.

Markieren und Besendern muss sein

Vögel mögen nicht besonders gern gestreichelt werden. Jedenfalls nicht in unserem Sinn einer sich anschmiegenden Streichbewegung über den Körper. Auch die Gefiederpflege unter Artgenossen, in der Verhaltensbiologie wird dieses Verhalten als „allo-preening" bezeichnet, ist eher eine Massierbewegung oder ein Kraulen, bei dem die Federn sanft angehoben werden. Das Gefieder eng an den Körper „angestreichelt" zu bekommen, das mögen diese Tiere nicht.

Raben in die Hand zu nehmen ist deshalb so eine Sache. Es stresst die Tiere. Für eine Markierung aber ist das Fangen und Festhalten natürlich unumgänglich. Deshalb tun wir alles im Rahmen unserer Möglichkeiten, dieses Prozedere ruhig und mit eigens geschulten Kolleg*innen abzuwickeln. Natürlich waren auch unsere ersten Markierungsversuche autodidaktisch geprägt. Entscheidende Tipps haben wir uns aber immer von erfahrenen Kolleg*innen geholt. Matthias hat etwa die Besenderungstechnik von der Greifvogelspezialistin Anita Gamauf gelernt. Ebenso Petra Sumasgutner, die jetzt unser Markierungsprogramm betreut. Sie passt sehr genau auf, wer bei uns einen Vogel in die Hand bekommt.

Besonders zu beachten ist dabei, dass wir ihnen nicht die Luftsäcke abdrücken. Diese Ausstülpungen der Lungen ermöglichen es den Tieren unter anderem, stabil in der Luft

Abseilaktion zum Markieren von Nestlingen: In den Alpen brüten Raben nahezu ausschließlich auf Felsen, was die Erreichbarkeit für Forschende erschwert. Hier markiert Anna Braun mit Hilfe von erfahrenen Kollegen der örtlichen Bergrettung Jungraben im Nest eines territorialen Rabenpaars, das genau gegenüber der alten Konrad Lorenz Forschungsstelle brütet.

zu bleiben. Wenn sie beim Besendern bei den Flügeln fixiert werden und der Körper zusammengedrückt wird, sie danach aber wieder frei fliegen sollen, haben sie damit anfangs Probleme. Am besten werden sie deshalb – auch zum Schutz des Markierers – am Schnabel und an den Füßen gehalten. Man spürt nämlich durchaus, wenn sie einen damit erwischen.

Doch davor müssen wir *sie* erst einmal erwischen. Am liebsten markieren wir die Jungtiere, solange sie noch im Nest sind. Das ist aber ein schwieriges Unterfangen, abhängig von einigen Unsicherheitsfaktoren: Wir müssen die Gelege überhaupt einmal entdecken. Acht bis zwölf Nester kennen wir, die aber nicht jedes Jahr besetzt sind, und nicht immer haben die Paare einen Bruterfolg. Der Zeitpunkt muss passen: Die Raben beginnen im Februar mit dem Nestbau, von Ende März bis Anfang Mai sind die Jungen im Nest. Beim Markieren sollten die Jungen drei bis vier Wochen alt sein, denn mit sechs Wochen werden sie flügge – im Idealfall sind sie dann bereits beringt. Dazu muss das Wetter mitspielen, ein Wintereinbruch ist in den Kalkalpen aber auch im April noch gut möglich. Und weil der Zugang zu Nestern im Fels kein Spaziergang ist, koordinieren wir uns gerne mit der örtlichen Bergrettung. Alles in allem ist das logistisch relativ anspruchsvoll.

Deshalb probieren wir auch den umgekehrten Weg aus: Nicht wir suchen die Raben auf, sondern wir versuchen, sie anzulocken. Natürlich mit Fleisch. Eine Reusenfalle nach dem Prinzip einer skandinavische Krähenfalle am Gelände des Parks wird also bestückt, die Vögel können durch eine V-förmige Öffnung in die Falle und an den Leckerbissen gelangen und durch die – anfangs noch offene Tür – wieder hinausmarschieren. Irgendwann wird diese Tür aber geschlossen und sie kommen nicht mehr raus.

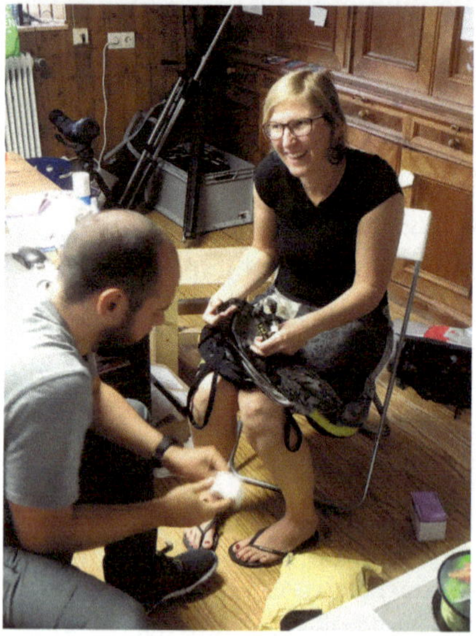

Fangen und Markieren: Teamwork beim Bau einer neuen Reusenfalle. Georgine Szipl und Matthias Loretto setzen die vorgefertigten Teile vor Ort zusammen (oben). Petra Sumasgutner hält einen neu gefangenen Raben am Schnabel und an den Füßen, während Mario Gallego-Abenza die Flügelbinde vorbereitet (unten).

Einmal in der Falle, können wir die Raben einfach und schnell mit einem Kescher einfangen. Wir decken ihren Kopf ab, bei Hitze kühlen wir sie mit Wasser unter den Flügeln – und tun flott, doch ohne Stress, was zu tun ist – die Vögel zu narkotisieren wäre eine zu heikle und aufwendige Angelegenheit: Wir messen ihre Größe, ihr Gewicht, nehmen einen Analabstrich, um sie auf Parasiten zu kontrollieren. Wir dokumentieren ihren körperlichen Zustand, nehmen ein paar Tropfen Blut für die Geschlechts- und Verwandtschaftsanalyse – vergleichbar dem Fingerstich für ein kleines Blutbild bei uns Menschen.

Dann kommen die Ringe, ein Metallring mit Identifikationsnummer von der österreichischen Vogelwarte, ein Farbring, der anzeigt, in welchem Alter wir das Tier markiert haben. Und ein weiterer Farbring mit einem dreistelligen Code aus Buchstaben und Zahlen, der auch mit dem Fernglas ablesbar ist.

Dazu kommt noch die Flügelbinde: eine Schlaufe aus sehr leichtem Kunststoff, die wie ein Piercing in der Flughaut der Vögel, die den Flügel in Form hält, befestigt wird. Diese Binden kommen in fünf Farben – im Moment setzen wir weiße, gelbe, rote, grüne und hellblaue ein – und werden von uns in standardisierte Formen geschnitten, etwa Turm, Zapfen, Pfeil, Schlange, und mit einem Buchstaben versehen. Durch diese Flügelbinden können wir Raben sehr gut auch aus großer Distanz individuell erkennen. Der einzige Nachteil der Schlaufen ist: Die Raben können sie sich selbst abnehmen, wenn sie davon genervt sind. Wir hatten zum Beispiel eine Räbin, Tichy, die immer wieder mal in die Falle kam, um sich das ausgelegte Fleisch zu holen. Jedes Mal bereiteten wir eine Flügelbinde für sie vor, befestigen sie ihr neu – nur um sie wenige Tage später dann schon wieder ohne Binde am Gelände zu sehen ...

Natürlich könnten wir die Schlaufen auch auf eine Weise am Flügel anbringen, dass die Raben sie nur schwer entfernen können. Aus ethischen Gründen haben wir uns aber entschieden, das nicht zu tun. Wenn ein Rabe keine bunte Markierung will, kann er sie mit ein paar Schnabelklipps abnehmen. Im Schnitt tragen die Vögel die Flügelbinden zwei bis drei Jahre.

Fälle wie Tichy zeigen auch: Uns in die Falle zu gehen bedeutet für die Raben nicht unbedingt den Schock fürs Leben. Neben Tichy gibt es immer wieder einmal auch noch andere Wiederfänge – aber dass es sich dabei um einen noch nicht markierten Raben handelt, ist eher selten geworden. Diese Tiere sind „trap shy", wie es auf Englisch heißt. Sie sind dabei nicht scheu, sondern haben einfach mitbekommen, was passiert, wenn wir die Tür der Falle schließen. Sie wissen, dass hier etwas im Busch ist. Am Beginn der Markierungsaktion, ab 2008, fingen wir viele Raben auf diese Art und Weise, alte wie junge; seit etwa 2010 erwischten wir dann schon fast nur mehr die Jungen im ersten Jahr. Heute hat es sich offenbar unter praktisch allen herumgesprochen. Die meisten Raben meiden diese Falle. Wir sind daher gerade dabei, neue Fallen nach dem gleichen Modus, aber in etwas abgeänderter Form zu bauen und an neuen Orten zu etablieren.

Selbstverständlich sind auch die GPS-Sender so designt, dass sie die Tiere möglichst nicht beeinträchtigen: Etwa fingernagelgroß, werden sie ihnen – nach Untersuchung und Markierung – wie ein sehr leichter Mini-Rucksack auf den Rücken gehängt. Ihr Gewicht macht weniger als drei Prozent vom Körpergewicht eines Raben aus – dreißig Gramm auf ein bis eineinhalb Kilogramm pro Vogel –, das entspricht in menschlichen Dimensionen einem etwas schwereren Hut. Wir arbeiten ständig an einer Verbesserung des Senders, damit er den Tieren nicht unangenehm ist. Eine Neuerung wird im Vorfeld immer an den Volieren-Raben getestet; wir können auf diese Weise überprüfen, ob sie hält und ob die Raben davon nicht irritiert sind.

Eine auf dem kleinen Rucksack angebrachte Solarzelle liefert die Energie für den Betrieb des Senders, um Signale ins Handynetz abzugeben. Der Nachteil: Die Sender sind teuer, sie kosten rund tausend Euro pro Stück. Deshalb passen wir sehr sorgfältig auf sie auf. Derzeit sind etwa sechzig bis siebzig der Geräte auf ebenso vielen Rabenrücken im Einsatz. In einer von uns festgelegten Frequenz übermitteln sie Datenpunkte (z. B. fünf Punkte pro Tag) und zeigen damit an, wohin der jeweilige Rabe sich bewegt – und wenn er sich nicht mehr bewegt: Ein eingebauter Beschleunigungssensor misst nämlich auch die Körperbewegungen des Tieres. Wenn diese ausbleiben, empfangen wir ein Mortalitätssignal. Dann beginnen wir mit der Suche, um etwas über die Todesursache herauszufinden, aber auch, um den wertvollen Sender zu bergen.

Der Hund meiner Kollegin Petra Sumasgutner wurde dafür ausgebildet, Rabenkadaver zu finden. Für den Tod der Tiere gibt es drei Gründe: Entweder sie waren krank oder verletzt, sie verunfallten oder sie wurden getötet. Krankheiten und Verletzungen durch Kämpfe kommen zwar vor, sind aber keine häufige Todesursache. Unfälle, zum Beispiel mit Autos oder Stromleitungen, sind überhaupt vernachlässigbar. Was daher zählt, ist die Bedrohung durch Fressfeinde wie Uhu oder Adler, aber auch durch den Menschen. Wir können nicht ausschließen, dass die Raben aufgrund der Sender eher zur Beute werden – aber die Mortalitätsrate der besenderten Vögel deutet bis jetzt nicht darauf hin, da sie im Bereich jener von nichtbesenderten Raben liegt.

Wir treffen uns wieder – am Futter-Hotspot!

Unsere menschlichen Landkarten sind durchzogen von Straßen, Gewässern und Schienen, teilweise sind Merkmale der Topografie farblich darin markiert. Seit solche Landkarten am Smartphone auch interaktiv abrufbar geworden sind, umfassen sie auch weitere Orientierungspunkte, darunter Sehenswürdigkeiten, Tankstellen oder Restaurants.

Könnten wir die Landkarten der Raben dokumentieren – das wissen wir eben aus den Bewegungsdaten der besenderten Tiere –, dann wären darin wohl vor allem „Futter-Hotspots" markiert: Müllhalden, Kompostieranlagen, Wildfütterungen, Tierparks, Skihütten sowie Schlafmöglichkeiten. Wenn wir anhand der bunten Punkte im GPS-Protokoll bemerken, dass die Tiere an einem Ort länger verweilen, können wir per Google Earth nachschauen, um welche Plätze es sich handelt. Und es scheint fast so, als hätten diese Plätze ähnliche Signalwirkung auf die Tiere wie das große M einer US-Fastfoodkette an der Autobahnraststätte auf uns.

Vor allem die Nichtbrüter hängen von diesen ressourcenreichen, „anthropogenen" Futterquellen ab, die also (indirekt) durch die Aktivität von Menschen entstehen. Sie bedeuten den Raben im stark besiedelten Mitteleuropa das, was ihnen die Wildtier-Kadaver in den Wäldern Nordamerikas oder Sibirien sind. Das Positive für die Raben daran: Diese Futterquellen – und damit auch die Raben – bleiben konstant an einem Fleck und werden stetig mit Nachschub versorgt (außer es ist Lockdown und nicht alle dürfen Ski fahren gehen). Von Ressourcenmangel kann in unseren Breiten also keine Rede sein – dementsprechend auch nicht, dass Futtermangel die Fluktuation der Raben bedingen würde.

Allerdings dürften diese Plätze dabei nicht nur Futter-Hotspots, sondern auch soziale Hotspots sein – wie es ja auch unsere Wildschweinfütterung in Grünau ist. Bei den zehn Raben, die wir 2013 mit GPS-Geräten besendert hatten, erfassten wir zunächst über ein Jahr lang genau ihre Ortswechsel. Das Ergebnis grob zusammengefasst: Einzelne Reisetage wechselten sich mit längeren Aufenthalten an ihnen bekannten Futterplätzen ab. Die Gruppen dort sind grundsätzlich „offen" für Neuankömmlinge, aber sehr wohl entlang einer Ranghierarchie und sozialen Beziehungen strukturiert, auf die es zu achten gilt.

Spannend sind nun folgende Fragen: Wie gehen einzelne Raben in so einer Situation vor? Wie schaffen sie es, sich einer Gruppe an einem der Futterplätze (wieder) anzuschließen?

Es gibt zwei Möglichkeiten: Entweder ist der betreffende Neuzugang sehr vorsichtig, hängt an der Peripherie des Futterplatzes ab und hält sich aus Konflikten heraus. Oder das komplette Gegenteil ist der Fall: Der Rabe kommt ins Zentrum zurück und haut auf die Trommel, ganz nach dem Motto: „Ich bin wieder da, ihr müsst mit mir wieder rechnen!" Unserer Beobachtung nach geschieht das geschlechtsunabhängig – aber die Dauer ihrer Abwesenheit hat einen gewissen Einfluss.

Ein anderer Faktor ist ihr Alter: Die Jüngsten, unter einem Jahr, haben sehr wohl ein Problem, wenn sie länger weg sind. Da geben ihnen die anderen bei ihrer Rückkehr zu verstehen: „Du weißt aber schon, dass du hier nicht mehr hergehörst!" Bei älteren Raben ist das hingegen oft überhaupt kein Problem. Wir hätten vielmehr erwartet, dass die Tiere sich ihren Rang immer wieder bestätigen bzw. zurückholen müssen. Doch wenn sie erst einmal zwei Jahre und älter sind und nur wenige Monate weg waren, verlieren sie ihren Status offenbar nicht. Es scheint, als ob alle Beteiligten noch wüssten, wer wo in der Hierarchie steht – und sich auch sofort daran halten. Damit hatten wir nicht gerechnet! Eine Erklärungsmöglichkeit dafür wäre, dass die herrschende Ranghierarchie nicht nur für Grünau gilt, sondern für einen größeren Bereich.

Vielleicht sehen wir das also noch zu eng: Vielleicht gilt die Rangordnung, die wir bei uns in Grünau dokumentieren, eigentlich für alle Raben im Einzugsgebiet des Salzkammerguts oder der nördlichen österreichischen Alpen, also nicht nur in Grünau, sondern auch bei den Nichtbrütergruppen im Ennstal und in Gmunden. In menschlichen Maßstäben könnte das bedeuten: Fährt man abends in den Nachbarort, wohl eher nicht zur dortigen Müllhalde, sondern in ein Lokal auf ein Bier, und trifft dort auf den Bürgermeister aus dem Heimatort, wird man ihn auch dort als Chef begrüßen. Was wir nun brauchen, sind experimentelle Ansätze, um diese Annahme an unseren Raben zu testen.

7

Komplexe Beziehungen

Was Raben voneinander wissen und wie strategisch sie das Wissen einsetzen

Es ist ein typischer Aprilmorgen in Grünau: Die Wolken hängen tief über dem Cumberland-Wildpark zwischen Kasberg und Karbachtal, immer wieder nieselt es. Aus den Wäldern ringsum steigt Dunst auf. Unser kleiner Trupp Forscherinnen und Forscher macht sich zu Fuß auf den kurzen Weg von der Konrad-Lorenz-Forschungsstelle zum Wildschweingehege. Am Gelände des Wildparks ist es matschig.

Kurz nach acht Uhr warten am Futterplatz bereits acht Wildschweine in ihrem Gehege – und in den Bäumen ringsum, schätze ich, etwa fünfzig Raben. Immer wieder ist aus allen Richtungen ihr Futterruf – „Haa!“ – zu hören, in unterschiedlichen Tonlagen und Lautstärken. Verhältnismäßig wenige sind heute da; vor Kurzem haben die Wölfe einen Hirschkadaver bekommen, dessen Reste immer noch in ihrem Gehege liegen, davon sind heute wohl auch die meisten erwachsenen Raben satt geworden.

Silvia Damini, eine italienische Doktorandin von mir, positioniert sich mit der Kamera am Zaun, etwas entfernt von der Futterstelle. Sie untersucht, wie Raben sich gegenüber anderen Arten, in diesem Fall: den Wildschweinen, verhalten. Auch Anna Fabbri, Masterstudentin an der Uni Wien, die sich mit den Lauten der Raben auseinandersetzt, und Lennart Dührkoop, Bachelorstudent aus Bremen, sind heute dabei; sie besprechen gerade im Hintergrund, wie sie Lennarts Playback-Versuche nach der Fütterung anlegen werden, die im Rahmen einer Kooperation mit meinem Kollegen Petr Veselý von der Universität Budweis laufen. Salomé Friry, Austauschstudentin von der Universität Lille, steht ein Stück weiter vorne, den ersten Futtereimer in der Hand. Sie wird gleich für ihre Masterarbeit beobachten, wer unter den Raben mit wem kooperiert oder wer wem Futter wegnimmt. Davor kippt sie jetzt den Inhalt des ersten Eimers über den Zaun, jede Menge altes Brot und Essensreste.

Die Schweine stürzen sich drauf, und innerhalb weniger Sekunden fliegen von ringsum die Raben zu, ihre schwarzblauen Schwingen beim Landen weit ausgebreitet. Einige schnappen nur schnell einen Happen und fliegen wieder ab, andere zögern noch zuzugreifen. Ein paar Raben, insgesamt sind es fünf oder sechs, „reiten" immer wieder auf den Wildschweinen, setzen sich also auf deren Rücken; manchmal ziehen sie die Schweine dann an den Borsten oder schlagen ihre Schnäbel so lange in ihre Flanke oder den Nacken, bis sie vom Futter ablassen und zur Seite treten. Zwei verpartnerte

Raben scheinen weniger am Fressen interessiert zu sein; sie sitzen etwas abseits, aber gut sichtbar für alle anderen und demonstrieren mit auffälligem Schnäbelaneinanderreiben ihre Beziehung; ein älterer verscheucht in der Zwischenzeit einen Jungvogel von der Futterstelle.

Die nächste halbe Stunde ist für die Tiere also nicht nur ein großes Fressen, sondern auch ein sozialer Event. Wir dokumentieren möglichst viel davon. Von den rund fünfhundert markierten freifliegenden Raben in Grünau kommen jeden Morgen etwa zehn bis vierzig zur Wildschweinfütterung. Wir führen ja seit fast fünfzehn Jahren nicht nur eine tägliche „Anwesenheitsliste", sondern protokollieren dabei auch das Verhalten der Raben. Das tun wir auch bei anderen Gelegenheiten. So haben wir Wissenschaftler*innen das Gefühl, viele Raben genauer zu kennen als manche unserer menschlichen Freund*innen.

Die Konrad-Lorenz-Forschungsstelle liegt schön eingebettet in Grünau im Almtal, im Toten Gebirge der Nördlichen Kalkalpen. Sie wurde 1973 von ihrem Namensgeber hier gegründet – kurz nachdem Konrad Lorenz der Nobelpreis zuerkannt worden war und er vom Max-Planck-Institut für Verhaltensphysiologie im bayerischen Seewiesen nach Österreich zurückkehrte. Heute liegt der Forschungsschwerpunkt neben Lorenz' Graugänsen auf dem Waldrapp, einem bedrohten Ibisvogel, und eben dem Kolkraben. Für den Fokus auf diese zusätzlichen Charakterarten ist Kurt Kotrschal verantwortlich, der Konrad Lorenz nach dessen Tod und der Übernahme der Forschungsstelle durch die Universität Wien Anfang der 1990er-Jahre als Leiter nachfolgte.

Die lokale Biologin Gerti Drack und der Innsbrucker Student Johannes Fritz stießen damals mit ihrem Vorschlag, wissenschaftliche Studien mit den zahlreich im Tal vorhandenen Raben anzugehen, bei ihm auf offene Ohren. Johannes war es dann auch, der die ersten Raben für Lernversuche handaufzog. Da er sie aber im Freiflug hielt, schlossen sie sich bald den Nichtbrütergruppen wilder Raben an und waren nur noch sporadisch zu sehen. Mitte der 1990er-Jahre wurde dann die erste von Gudrun Kabicher handaufgezogene Gruppe in einer dafür neu gebauten Rabenvoliere im Cumberland-Wildpark untergebracht. Die Mitglieder dieser Gruppe kennen Sie bereits: Es waren Munin, Hugin und ihre Geschwister. Die Arbeiten an individuell markierten wildlebenden Raben gingen ein Jahr später im Rahmen meiner Dissertation los.

Bewegt man sich aufmerksam durch den an die Forschungsstelle Grünau angrenzenden Cumberland-Wildpark, lässt sich erahnen, dass Raben hier unsichtbare Netzwerke geknüpft haben. Zwei verfolgen einander im Flug hoch über unseren Köpfen vor der Felswand, die wir „Spielfelsen" nennen. Manchmal vollführen sie dort Kunststücke, die ihnen niemand beigebracht hat, machen Purzelbäume in der Luft – heute aber nicht. In den hohen Fichten neben dem Wolfs- und Bärengehege rufen sich drei oder vier Raben gegenseitig etwas zu, einer fliegt auf und Richtung Fluss hinunter. Ein weiterer sitzt auf einem Holzstamm und putzt sich genüsslich sein Gefieder. An einem Kadaver in einem Gehege, ein Stück weit entfernt, balgen zwei um das Vorrecht zu fressen.

Man könnte den Eindruck gewinnen, Raben seien fortwährend auf der Suche nach einer Gelegenheit, sich sozial in Szene zu setzen und mit anderen zu interagieren. In unseren Forschungen widmen wir uns deshalb intensiv ihren Beziehungen. Speziell interessiert uns, was die Raben voneinander wissen und wie gezielt sie ihr Wissen um ihre Beziehungen einsetzen. Wir haben herausgefunden, dass sie gewissermaßen „Politik" betreiben. Das klingt hoch gegriffen. Tatsächlich Politik? Eine Antwort darauf gibt es noch in diesem Kapitel. Dabei stellen sich noch weitere Fragen: In welchen Bereichen können wir Menschen etwas von ihnen lernen? Können wir vielleicht sogar von ihnen etwas über unser Sozialverhalten lernen? Und in welcher Weise ähneln Menschen und Raben einander?

Die meisten Kolkraben, die in Grünau ansässig sind, schlafen gemeinsam auf zwei bis drei Schlafplätzen. Das sind in der Regel Gruppen von mehreren Nadelbäumen. Die Gemeinschaft bietet Schutz vor dem nachtaktiven Uhu, und auch wenn sie nicht ganz eng nebeinandersitzen, wärmen die gefiederten Körper einander. Nach dem Aufwachen sind die Tiere in Kleingruppen unterwegs und rufen sich meist zur Fütterung wieder zusammen. Manchmal ist bei der Futterstelle eine große Gruppe von sechzig oder achtzig Vögeln versammelt. Einigen von ihnen ist es ganz egal, wer dabei ist, anderen hingegen nicht, sie recken die Köpfchen und schauen: Wer ist da, wer noch nicht? Eine halbe Stunde nach der Fütterung haben sie dann alle ihre Futterbrocken versteckt und verbringen den Rest des Tages wieder in kleineren Gruppen – oder allein, ohne auszuschließen, sich wieder einer Gruppe anzuschließen.

So verläuft also ein üblicher Tag unter Raben. Gar nicht so unähnlich zu uns, wenn man den Tagesablauf einer typischen mitteleuropäischen Familie betrachtet: Gegen Abend kommen die einzelnen Mitglieder nach Hause, essen vielleicht gemeinsam oder gehen gleich in ihre Zimmer; sie übernachten jedenfalls gemeinsam im selben Haus. In der Früh fahren die Eltern in die Arbeit, die Kinder in ihre Schulen. Sie alle sind dort jeweils Teil einer anderen sozialen Gruppe, ob kleiner oder größer. Die Kinder gehen am Nachmit-

Versammlung in einer Kleingruppe im Baum.

tag vielleicht ins Sporttraining oder in die Musikschule, am Abend kommen alle wieder nach Hause. Das Zuhause ist uns Kommunikationszentrum und gemeinsamer Schlafplatz.

Diese wechselnden Gruppenzugehörigkeiten von sozialen Säugetieren und Vögeln sowie ihre individuelle Teilhabe an Gemeinschaften hat auch einen wissenschaftlichen Namen: Sie nennt sich Fission-Fusion-Dynamik, wobei „fission" auf Englisch für Teilung oder Trennung steht, „fusion" für das erneute Zusammenkommen. Elefanten praktizieren sie, Delfine, einige Primatenarten wie Mantelpaviane, Klammeraffen und Schimpansen. Individuen verbringen gemeinsam Zeit und/oder übernachten in einer Gruppe; sie trennen sich für die Futtersuche, um sich später wieder zu treffen. Genau das tun auch Raben.

Je mehr wir über das Sozialleben der Raben herausfinden, umso durchlässiger wirkt es. Das räbische Sozialsystem setzt sich ja zusammen aus Jugendgruppen (Nichtbrütergruppen) und den langzeitmonogamen Paaren, die ihr Territorium verteidigen. Aber ganz so streng ist es, wie bereits erwähnt, nicht: Die verpaarten Tiere vertreiben vor allem während der Brutzeit alle Eindringlinge aus dem Revier, damit die Nahrung für den Nachwuchs gesichert ist. Ansonsten sehen sie das entspannter, vor allem, wenn sie von vielen Nichtbrütern umgeben sind.

Die Nichtbrütergruppen sind eben keine rein zufälligen Zusammenrottungen dort, wo es viel Futter gibt. Es sind zwar keine stabilen Gruppen mit einer fixen Zusammensetzung von Individuen, trotzdem sind die Gruppen sozial strukturiert und zeigen eine ausgeprägte Ranghierarchie. Diese entsteht entsprechend eines komplexen Beziehungsgeflechtes entlang von vier Achsen: Freundschaft, Verwandtschaft, Partnerschaft und Dominanz.

Dieses Geflecht verändert sich aber dynamisch. Es handelt sich also um ein offenes System, es herrscht ein Kommen und Gehen von Jungen und Älteren. Die einzelnen Tiere interagieren dabei sehr selektiv miteinander. Bestimmte Raben behandeln einander freundlich: Sie kraulen einander, tauschen spielerisch Objekte und auch einmal Nahrung; es kann zu Freundschaften und gar Verpaarungen kommen – die über Jahre halten können, mitunter aber auch wieder aufbrechen.

Bei aller Ähnlichkeit zu menschlichen Verhaltensweisen: Warum soll es zulässig sein, das Sozialverhalten der Raben mit dem von uns Menschen zu vergleichen? Die Antwort ist einfach: weil hier Grund zur Annahme besteht, dass sich dieses Sozialverhalten konvergent entwickelt hat: Das heißt, sowohl auf Menschen als auch auf Raben wirkten ähnliche „Selektionsdrücke", die – trotz unserer Verschiedenheit – wohl im Lauf der Evolution ähnliche Eigenschaften bei beiden Arten verstärkt haben.

Zu den ähnlichen sozio-ökologischen Bedingungen zählen, dass wir beide einerseits in monogamen Partnerschaften leben, andererseits in sozialen Gruppen, geprägt von komplexen Strukturen. Und: Raben wie Menschen sind Fleisch(fr)esser. Zum Vergleich: Schimpansen sind uns in dieser Hinsicht viel weniger ähnlich. Bei ihnen gibt es keine fixen Zweierbeziehungen, sondern Männchen und Weibchen mischen sich ständig in unterschiedlichen Kombinationen und temporären Gruppen. Man spricht hier von „multi-male-multi-female"-Gruppen mit einem relativ hohen Grad an Fission-Fusion-Dynamik. In Sachen Fortpflanzung sind sie promisk, das heißt, sie haben sexuelle Kontakte mit wechselnden Partnern. Und die Jungenaufzucht ist reine Muttersache. Fleisch essen Schimpansen zwar auch sehr gerne; es macht aber einen eher kleinen Teil ihres Speiseplans ein.

Raben eignen sich deshalb sehr gut, um auch etwas über die Evolution der kognitiven Fähigkeiten von Menschen herauszufinden. An den Raben können wir bestehende Theorien „überprüfen": Trägt Langzeitmonogamie wirklich zur Entwicklung von prosozialem Verhalten bei? Führt ein Leben in komplexen Sozialstrukturen automatisch zu einem Verständnis von Beziehungen? Wie sehr fördert Fleischfressen die Gehirnentwicklung?

Eine Differenzierung ist mir dabei allerdings wichtig: Ich mache keine Rabenstudien, nur um das Verhalten der Menschen besser erklären zu können. Primär möchte ich Raben verstehen, so wie sie sind. Meine Forschung erlaubt aber auch, die Fähigkeiten der Raben mit denen anderer Arten zu vergleichen. Sie sind sozusagen ein Puzzleteil in einem großen Bild, zu dem auch Primaten, Menschen und viele andere Tierarten beitragen. Im Gesamten betrachtet, lässt uns ein solches Bild dann auch das menschliche Verhalten womöglich in neuem Licht betrachten.

Ein Ansatz, den ich zu Beginn des Buches bereits erwähnt habe, ist die Soziale-Intelligenz-Hypothese. Grob zusammengefasst besagt diese, dass ein Zusammenleben mit anderen kognitiv anspruchsvoll sein kann. Denn: Sich mit anderen Artgenossen auseinanderzusetzen führt praktisch immer wieder zu „Problemen". Schließlich verhält sich jedes Individuum – ob Mensch, Rabe oder Schimpanse – ganz nach seinem eigenen Kopf und demnach für andere häufig unerwartet. Menschen oder Raben unter sich reagieren auch darauf, wie sie einander behandeln, um ihre eigenen Ziele durchsetzen zu können. Die Hypothese besagt deshalb: Je komplexer das Sozialleben von Arten ist, desto besser sollten

Die Brüder Hippolyt und Garance in engem Körperkontakt, wobei Garance (rechts) seinen Kopf an Hippolyts Körper drückt, der außerdem ein Stück Sepia im Schnabel hält.

Unten: Die neue Konrad Lorenz Forschungsstelle.

sie mit sozialen Problemen fertigwerden und desto leistungsfähiger wird ihr Gehirn.

Doch was gilt eigentlich als „komplexes" Sozialleben?

Es kommt weniger drauf an, was du kannst, als wen du kennst!

Awani Bapat, eine Doktorandin aus Indien, zeigte mir nach einem Meeting an der Konrad-Lorenz-Forschungsstelle an ihrem Schreibtisch ein Video. Es ist eine Aufnahme von Hippolyt und seinem Bruder Garance. Es handelt sich um noch junge Tiere, die erst vergangenes Jahr geschlüpft sind. Die beiden spielen mit einem Stück Sepia, den man früher Wellensittichen als Schnabelwetzstein in den Käfig hing; im Grunde genommen ist es der poröse Rückenknochen der Tintenfische aus Calciumcarbonat. Awani hat mehrere Stücke davon für die Raben ausgelegt.

Hippolyt bricht mit dem Schnabel ein großes Stück vom Sepia seines Bruders ab und lässt es nicht mehr los, es verschwindet in seinen Kehlsack. Der Bruder berührt ihn daraufhin mehrmals mit dem Schnabel am Hinterkopf, um ihn dazu zu bringen, den Sepia wieder herauszugeben. Es sieht aus, als würde er Hippolyt kitzeln. Am nächsten Tag, berichtet Awani, spielte sich die gleiche Szene andersherum ab: Hippolyt wollte ein Stück Sepia von seinem Bruder zurück.

Aus unseren Beobachtungen im Freiland wissen wir: Wenn Raben immer wieder mit den gleichen Individuen zu tun haben, prägen sie sich ein, wie diese sich in bestimmten Situationen ihnen gegenüber verhalten. Nimmt einer einem anderen häufig Futter weg, wird der Geschädigte in Zukunft eher einen Bogen um ihn machen. Oder – ganz einer fortgeschrittenen Intentions-

Geschwisterbeziehungen: Garance (Bildmitte oben) hat eine engere Beziehung zu Hippolyt als zu Auguste (rechts), was sich auch in der Distanz untereinander zeigt. Gegenseitiger Schnabelkontakt ist – wie gegenseitige Gefiederpflege – ein Zeichen der Zuneigung (Bild unten).

kontrolle entsprechend – mit dem Zugreifen an der Futterstelle warten, bis der Grobian diesmal an ihm vorübergegangen ist. Daran, wie die anderen sich einem Individuum gegenüber verhalten, wird ersichtlich, wer dieses Individuum ist.

Hier haben wir es mit „dyadischen Beziehungen" zu tun. Darunter verstehen wir Verbindungen, die sich durch direkte Interaktionen zwischen bestimmten Individuen ergeben. Derartige Beziehungen sind typisch für höher entwickelte Tierarten. Die Hackordnung von Hühnern etwa ist dafür ein Beispiel: Jedes Tier am Hühnerhof lernt schnell, wie es um seine Kampfkraft gegenüber den anderen Hühnern bestellt ist. Es kennt somit seinen Platz in der Ranghierarchie und weiß, mit wem es sich anlegen kann und mit wem besser nicht. Das ist eine kognitive Leistung, die wir vielen Arten zutrauen.

Geht es allerdings um mehrere Beziehungen und steigt die Anzahl der Gruppenmitglieder an, wird es kompliziert. Wenn wir davon ausgehen, dass ein Huhn innerhalb einer Fünfergruppe weiß, wie es in puncto Dominanz zu den vier anderen steht, muss es dazu fähig sein, sich vier Beziehungen zu merken. Angenommen, Hühner reagieren auch auf Verwandtschafts- und Freundschaftsbeziehungen, dann müsste sich jedes Huhn in einer Fünfergruppe schon zwölf Beziehungen merken. Das ist wohl noch gut machbar. Hat das Huhn mit zwanzig anderen Hühnern zu tun, wird es schon schwieriger – und mit hundert Artgenossen sehr schwierig. Es ist anzunehmen, dass mit steigender Anzahl der Gruppenmitglieder individuelles Erkennen und das Merken von Beziehungen irgendwann zusammenbricht; wann das der Fall ist, ist bei den meisten Arten unbekannt.

Wie geht man aber vor, wenn man nicht nur über eigene Beziehungen Bescheid wissen will, sondern auch über Beziehungen von anderen? Bei Raben spielt diese „triadische

Dimension“ eine nicht unwesentliche Rolle. Georgine Szipl konnte an den freifliegenden Raben zeigen, dass sie nicht nur aufpassen, mit wem sie Streit haben – ähnlich der Hackordnung von Hühnern –, sondern auch darauf achten, wer bei solchen Auseinandersetzungen *sonst* noch da ist, wer quasi im Publikum ist. Ein Rabe tritt im Streit um Futter laut auf, wenn er weiß, dass ein Freund oder Verwandter in der Nähe ist – und ihm, falls nötig, helfen kann. Er nutzt hier also sein Wissen um seine persönliche (dyadische) Beziehungen, um sich zu behaupten.

Umgekehrt gibt derselbe Rabe bei einem Streit kaum einen Pieps von sich, wenn er den Partner seines Rivalen in der Nähe bemerkt. Wahrscheinlich versucht er dadurch, den außenstehenden Raben nicht auf seine Lage aufmerksam zu machen und so eine mögliche Koalition im Streit gegen ihn zu verhindern. Das bedeutet aber: Raben müssen nicht nur Individuen erkennen und sich ihre eigenen Beziehungen zu ihnen merken können, sondern sie wissen offenbar auch über die Beziehungen der anderen Vögel untereinander Bescheid.

Genau das konnte mein ehemaliger Postdoc-Mitarbeiter Jorg Massen anhand eines Playback-Experiments am Haidlhof an Volieren-Raben bestätigen. Dort hatten wir zwei Nichtbrütergruppen zur Verfügung, die sich zwar stets sehen, aber nie direkt miteinander interagieren konnten. Von verschiedenen Gruppenmitgliedern nahmen wir zwei typische Raben-Statements aus einer Dominanzinteraktion auf, einerseits jenen Laut, der aussagt: „Ich bin der Chef/Ich bin cool“, ein Status-Show-off. Sowie das darauf folgende, beschwichtigende „Bitte tu mir nichts“.

Diese einzelnen Statements kombinierten wir beim Vorspielen entweder richtig (als Kontrolldurchgang) oder aber in einer Art und Weise, die die Raben irritieren sollte (Testdurchgang). So war dann etwa ein rangniedriger Rabe mit seinem „Ich bin der Chef“ zu hören und gleich darauf ein dominanter mit „Bitte tu mir nichts!“. Dieses Re-Kombinieren der Aufnahmen übernahm übrigens Andrius Pasukonis, ein Dissertant aus unserem Doktoratskolleg, der hauptsächlich mit Fröschen arbeitete. Damit verhinderten wir, dass wir Rabenkenner die Auswahl beeinflussten. Unsere Annahme für den Playback-Test war: Falls die zuhörenden Raben über die Rangbeziehungen der anderen Raben Bescheid wissen, sollten sie bei der unerwarteten Kombination überrascht reagieren. Außerdem interessierte uns, ob sich *alle* Raben im Test von einer solch unerwarteten Kombination irritieren lassen würden – also nicht nur die Mitglieder jener Gruppe, aus der die Statements stammten, sondern auch jene der anderen Gruppe, obwohl diese gar nie mit den vorgespielten Raben interagierten.

Und genau das tun sie! Die Ergebnisse waren bemerkenswert: Handelte es sich um eine unerwartete Kombination der Statements aus der eigenen Gruppe, wurden die Raben nervös. Sie zeigten selbstbezogenes Verhalten wie Schütteln oder Kratzen, das von Unsicherheit zeugt; ihre Aktivität war generell erhöht und sie flogen auch immer wieder Richtung Lautsprecher. Diese Nervosität war aber nicht beobachtbar, wenn es die Rabenstimmen aus der anderen Gruppe betraf! Stattdessen waren die Tiere hier sehr aufmerksam und horchten genau hin – und antworteten auf die richtigen Ruf-Kombinationen. Dieses Phänomen beobachten wir bei den Raben auch in anderem Kontext, etwa beim Futterruf „Haa!“: Wenn sie etwas wissen, etwas bestätigen möchten, dann vokalisieren sie. Vielleicht ein bisschen so, wie es die Abgeordneten im britischen Parlament mit ihren zustimmenden „Aye!“-Rufen tun.

Wir konnten damit nachweisen, dass die Raben tatsächlich die Dominanzbeziehung zwischen den Mitgliedern der eigenen Gruppe kennen, also ein triadisches Beziehungsverständnis haben, und dass sie diese Beziehungen auch für die Mitglieder benachbarter Gruppen registrieren, ohne je direkt mit ihnen zusammengetroffen zu sein. Zuschauen allein reicht ihnen offensichtlich aus, um sich ein Bild von der Lage zu machen. Das passt auch gut zu dem, was wir im Freiland sehen: Auch hier interagieren nicht alle Tiere ständig miteinander. Trotzdem scheinen sie die Rangbeziehungen anderer einordnen zu können.

Das ist tatsächlich beachtlich! Zu dem Wissen über dyadische Beziehungen (von ihnen selber) kommen nun noch die triadischen (von den anderen) dazu, womit die Zahl an Beziehungen, die es sich zu merken gilt, linear mit der Gruppengröße ansteigt. In einer Fünfergruppe von Raben sprechen wir dann bereits von dreißig Kombinationen, die sich jeder einzelne merken muss – und das betrifft nur die Dominanzbeziehungen; zählen wir Freund- und Partnerschaften dazu, sind es bereits sechzig Kombinationen. Die Gruppe unserer ansässigen Raben, die regelmäßig bei der Wildschweinfütterung in Grünau auftauchen, umfasst allerdings nahezu hundert Tiere. Wie die Raben damit umgehen können, ist beeindruckend!

Dieses sehr komplexe Verhalten beschreibt die Soziale-Intelligenz-Hypothese: Mit je mehr Individuen Tiere in Beziehung stehen, umso mehr Grips brauchen sie, um diese Beziehungen zu managen. Doch natürlich gilt dieses Konzept nur, wenn wir den Raben zugestehen, dass ihre Nichtbrütergruppen eben nicht bloß zufällige Ansammlungen sind, wovon Wissenschaftler*innen lange ausgegangen sind.

Wägen Raben ab, zu wem sie im Streit halten?

Bei der Wildschweinfütterung an diesem Morgen widmet T-Rex sich wieder einmal besonders eifrig seinem „Status-Show-off“ und demonstriert seine Dominanz. Dazu macht er einen „Dickkopf“, spreizt also sein Kehl- und Kopfgefieder ab, und stolziert umher – zusätzlich könnte er auch noch seine „Federhosen“ oder „Federohren“ aufstellen, womit er dann an einen Uhu erinnert. T-Rex' Name kommt nicht von ungefähr: Er ist ein auffällig großer Kolkrabe, schon erwachsen – etwa fünf, sechs Jahre alt – und seit heuer verpaart. Seine rote Flügelmarke hat die Form des Buchstaben T, was auch zum Namen beitrug. Ein zweiter, leider unmarkierter Rabe macht bei seinem Imponiergehabe mit, die beiden gockeln herum.

Ueno, ein junges Männchen, umschwänzelt die beiden, duckt sich aber, als sie ihn anvisieren, als wollte er sagen: „Ich bin gar nicht da.“ Sobald T-Rex sich aber wieder seinem imponierenden Konkurrenten zuwendet und diesem nun auch einen Hieb mit dem Schnabel versetzt, springt der junge Ueno dazu und haut auch kurz auf den anderen hin. Ich erwarte, dass sich der Angegriffene wehrt und Ueno sofort zurechtweist, schließlich ist er ja um einiges älter und stärker. Trotzdem tut er es nicht. Wahrscheinlich weil sich Ueno sofort hinter T-Rex verschanzt hat und jegliche Aggression in seine Richtung auch auf T-Rex zielen und somit einen Kampf mit einem der stärksten Raben provozieren würde.

Ihr soziales Wissen ist den Raben im Alltag sehr hilfreich. Soziale Manöver, wie das hier erwähnte, kennen wir gut von Primaten. Sie wurden von Hans Kummer erstmals an Mantelpavianen als „geschützte Drohung“ beschrieben und gelten als ein Lehrbuchbeispiel für den Einsatz von einem Verständnis der Beziehungen anderer (triadisches Verständnis). In der Praxis ist es wichtig für die Bildung von Allianzen, wenn es Streit gibt. „Auf welcher Seite greife ich ein?“, muss ein einzelner Rabe dann schließlich wissen, etwa, um sich zu profilieren – wie der junge Ueno – oder um nicht im Ansehen zu sinken – was auf den unmarkierten Raben in unserem Beispiel zutreffen könnte und was sich auf seinen Rang in der Hierarchie auswirken würde. Aber können wir wirklich annehmen, dass Tiere bei Streitereien auch immer „mitdenken“, wenn sie einander unterstützen? Nicht unbedingt.

Hyänen zum Beispiel gehen bei Konflikten nach einer Art Daumenregel vor: Bei ihnen heißt es „Hilf dem Aggressor!“. Wird eine Hyäne angegriffen, reagiert sie darauf am besten, indem sie die nächste Hyäne attackiert, damit wird sie schließlich selbst zum Aggressor und ist aus dem Schneider. Mit so einer Daumenregel kommt man innerhalb strikter Dominanzstrukturen ganz gut zurecht. Aber auch bei Hyänen kommt es vor, dass sie nicht irgendeinen Artgenossen in der Nähe attackieren, sondern sich gegen bestimmte Individuen wenden. Somit sind wir wieder bei der Frage: Können (manche) Tiere auch auf die nächste kognitive Ebene gehen und sich überlegen, wem sie helfen sollen?

Viele Primaten und eben auch Raben tun genau das. Sie beziehen in Konfliktsituationen die Beziehungsebene in ihre Überlegungen mit ein, wer mit wem welches Verhältnis hat. Wenn sie in Auseinandersetzungen eingreifen – typischerweise machen das Jungvögel, wohl um sich auch einmal zu beweisen –, hilft das meistens dem Aggressor. Es sei denn das Opfer ist ein enger Verwandter oder Freund. Dann unterstützen sie den Schwächeren – und können damit sogar die Streitsituation umdrehen. Das kann so weit gehen, dass der Rang des Unterstützten abhängig wird von der Anwesenheit bzw. der Gunst eines Unterstützers.

Meine Dissertantin Awani beschäftigt sich genau mit diesen sozialen Interaktionen der Raben untereinander: Im Moment testet sie, ob Raben, die viel miteinander spielen, auch gute Freunde werden. Deshalb versorgt sie die Raben jetzt täglich immer am gleichen Ort zur gleichen Zeit mit neuem „Spielzeug"; derzeit sind es neben dem Sepia etwa auch Korken. Für die freifliegenden Raben ist das schon zu einem beliebten Fixpunkt in ihrem Tagesablauf geworden. Awani zeigte mir noch ein Video, in dem sich zwei Raben um zwei Weinkorken streiten – so lange, bis ein weiterer Rabe auftaucht. Sofort ist die Zwistigkeit beigelegt und die beiden ersteren stolzieren mit je einem Korken im Schnabel umher. Etwas später beobachtete Awani die beiden Korken-Spieler, wie sie sich gegenseitig das Gefieder kraulen. Es scheint also alles darauf hinzudeuten, dass Spielkameraden auch soziale Bande knüpfen!

Awanis Beobachtungen zum Spielen und Tauschen von Objekten sind Teil eines vom FWF geförderten Forschungsprojekts, das ich gemeinsam mit meiner französischen Kollegin Palmyre Boucherie leite. Es geht dabei um den Einfluss frühkindlicher Erfahrungen auf die soziale Kompetenz, also die Art und Weise, wie man mit anderen umgeht. Wir verfolgen dazu Jungraben, die mit einer unterschiedlichen Anzahl an Geschwistern aufgewachsen sind, über die ersten Lebensjahre. Awani konzentriert sich auf die Integration von Jungraben in die Nichtbrütergemeinschaften und versucht herauszufinden, welche Faktoren dabei eine Rolle spielen.

Was macht eine gute Beziehung aus?

Jemand anderen „nicht riechen können", „auf einer Wellenlänge sein" oder einander „blind verstehen": Damit bezeich-

Triadische Interaktionen: Hilfe bei Konflikt. Der unmarkierte Rabe links zieht sich sofort mit aufgeplustertem Gefieder zurück, nachdem ein anderer unmarkierter Rabe sich neben das Weibchen Ödipus (mit der grünen Flügelbinde) stellt. Das Hinzukommen des dritten Raben hat einen möglichen Konflikt verhindert bzw. Ödipus Position gestärkt (oben).

Interesse an der Beziehung anderer: Das junge Männchen Orpheus (erkennbar an der weißen Flügelbinde) gesellt sich zu zwei unmarkierten Raben, die nett miteinander umgehen. In der Folge mischt sich Orpheus beim Spielen ein und versucht, die beiden voneinander zu trennen (unten).

Beziehungsqualität: Vor allem vor der Brutsaison stärken Paare ihre Beziehung. Hier füttert Horst seine Partnerin Astrid (oben). Nicht alle Beziehungen werden innig: Heinz und Lucy sind zwar Freunde, verpaart haben sie sich jedoch nicht (unten).

nen wir Menschen soziale Beziehungen unterschiedlicher Art. Doch das sind abstrakte und im alltäglichen Sprachgebrauch recht vage Konzepte von Zuneigung und Abneigung, die wir uns ausgedacht haben. Wenn wir von derlei Dingen bei Tieren sprechen wollen, müssen wir sie genau definieren. Der britische Verhaltensbiologe Robert Hinde hat das für soziale Beziehungen bereits in den 1970er-Jahren gemacht. Er selbst arbeitete hauptsächlich mit Makaken und war Doktorvater nicht nur der Schimpansenforscherin Jane Goodall, sondern auch von Dian Fossey, die sich mit den Berggorillas Zentralafrikas beschäftigte.

Hinde zufolge geht es darum, den Gehalt und die Qualität von Verhaltensinteraktionen zwischen einzelnen Tieren über einen längeren Zeitraum auszuwerten – also: Wer macht was wie mit wem und wie lange? Hindes Ansatz ermöglicht es uns damit, das abstrakte Konzept „Sozialbeziehung" anhand konkreter Beobachtungen zu fassen zu bekommen.

Aufbauend auf Hinde wurde vor einigen Jahren das Konzept der Beziehungsqualität verfeinert und zunächst an Schimpansen getestet. Konkret geht es darin um drei Komponenten:

Erstens: Hat das soziale Verhalten, das die Tiere an den Tag legen, eine „Service"-Funktion bzw. einen Wert (*value*)? Das kann sich etwa auf gegenseitige Körperpflege, Hilfe im Streit oder geteiltes Futter beziehen. Zweitens: Wie steht es um die Verträglichkeit der Beziehung (*compatibility*), wird Verhalten erwidert oder ist es eine einseitige Angelegenheit? Und drittens: Welche Stabilität (*security*) hat die Beziehung? Ist sie auch über einen längeren Zeitraum beobachtbar?

Was wir Menschen also als eher vages Konzept wahrnehmen (z. B.: Ab wann „zählt" eine zwischenmenschliche Beziehung als Freundschaft?), ist in der Verhaltensbiologie streng definiert. Für die Raben haben wir auf der Basis von jahrelangen Beobachtungsprotokollen die Qualität ihrer Sozialbeziehungen tatsächlich ebenfalls statistisch berechnet. Ich habe mir dazu die Hilfe der Verhaltensbiologin Orlaith Fraser gesichert, die zuvor diese Berechnungen an den Schimpansen durchgeführt hatte. Orlaith hatte die Raben, von denen die Daten stammten, selbst nie zu Gesicht bekommen – war also „immun" gegenüber persönlichen Eindrücken. Die Ergebnisse ihrer Analyse zeigen drei Hauptkomponenten, die sich perfekt mit der Theorie der Sozialbeziehungen decken. Genau wie bei Schimpansen lassen sich Beziehungen von Raben also auch über die drei erwähnten Faktoren beschreiben: den Wert, die Verträglichkeit und die Stabilität.

Sprechen wir also von den Beziehungsmustern der Raben, ähneln diese tatsächlich jenen der Primaten. Wir interpretieren diese Ähnlichkeit mit uns also nicht nur in ihr Verhalten hinein, sie lässt sich statistisch belegen. Stellen Sie sich vor: Würde uns vom All aus jemand zuschauen, wären es für Menschen, Schimpansen und Raben ähnliche Parameter, die ausschlaggebend dafür sind, wer mit wem gut oder schlecht auskommt.

Raben betreiben Politik

Kommen wir zurück zu T-Rex. Er ist ein starker Kerl. Dennoch: In Auseinandersetzungen unterliegt er manchmal anderen Männchen. Die meisten davon kennen wir leider nicht, weil sie noch unmarkiert sind. Ein paar aber schon. Mombu, zum Beispiel. Er ist zwar weniger groß und kräftig, aber dafür sehr gut darin, Beziehungen zu anderen aufzubauen und diese auch zu halten. Deshalb bekommt er auch häufig

Unterstützung, von seiner Partnerin, von seinen Freunden. Schon allein aufgrund dieser Option wird ihm ein hoher Status zugesprochen. Als würde sein Ruf ihm vorauseilen.

Typisch für Raben in den Nichtbrütergruppen ist, dass sie mit drei, vier Raben freundschaftlich interagieren – und das auch erwidert wird. Mit einem Vogel aber haben sie eine besonders enge Beziehung (Partnerin/Partner oder „beste/r Freundin/Freund"), mit dem ein intensiver, zugewandter Austausch von Aufmerksamkeiten passiert.

Dieser engste Freundeskreis, der aus Weibchen und Männchen bestehen kann, deutet darauf hin, dass Raben grundsätzlich auf Langzeitpartnerschaften ausgerichtet sind. Die Reziprozität von sozialem Verhalten hat dabei einen ganz besonderen Stellenwert: Erst wenn Gefälligkeiten *beiderseits* passieren, wenn die Beziehung auf Gegenseitigkeit beruht, gelten die Raben auch als „eng" befreundet.

Dass dies nicht nur wir Beobachtende so sehen, sondern auch die Raben untereinander, wissen wir aus den Studien meiner ehemaligen Dissertantin Anna Braun. Sie konnte zeigen, dass Raben mehr Konflikte gewinnen, sobald sie damit anfangen, gegenseitig Gefälligkeiten auszutauschen. Typischerweise machen nun Konkurrenten von sich aus einen Rückzieher, was darauf hindeutet, dass sie den miteinander befreundeten Raben automatisch einen höheren Rang zusprechen.

Um genau zu sein, trifft dieses Muster vor allem auf Männchen zu – wie Mombu. Bei Weibchen reicht es häufig schon, dass sie wiederholt mit einem bestimmten Männchen „flirten", um von anderen „respektvoller" behandelt zu werden. Wenn Freundschaften also einen solchen Nutzen haben, sollten ja wohl alle Raben darauf erpicht sein, freundschaftliche Beziehungen einzugehen. Manche schaffen es allerdings – aus uns bisher noch unbekannten Gründen – bei aller Anstrengung nicht, richtig Kontakt zu knüpfen; sie bleiben Außenseiter. Und auch die Freundschaften sehr sozialer Raben halten nicht unbedingt auf Dauer.

Wenn sich eine neue Freundschaft zwischen zwei Raben anbahnt, scheinen nämlich häufig andere etwas dagegen zu haben. Sie gehen immer wieder genau dann dazwischen, wenn die Kontaktsucher Nettigkeiten austauschen. Auch hier ist T-Rex ein gutes Beispiel: Er funkt immer wieder dazwischen, er zettelt zwar keine Prügelei an, aber er macht den beiden Freunden in spe klar, sie sollen damit aufhören. Warum tut er das? Bei derartigen Interventionen gehen Raben nämlich ein Risiko ein: Es kommt sehr wohl vor, dass sich die beiden Raben wehren und gemeinsam auf T-Rex, oder einen anderen Störer, losgehen.

Ist T-Rex eifersüchtig? In unseren Volieren, wo ja nur zehn bis zwölf Tiere zusammenleben, ist das durchaus eine Erklärung. Im Freiland wissen wir aber, dass „Eifersucht" nur eine untergeordnete Rolle spielen kann, da in nur etwa zwanzig Prozent aller beobachteten Fälle der Störer mit einem der beiden Kontaktsucher befreundet war. Auch die Erklärung, dass Raben andere stören, weil sie es einfach nicht gerne sehen, wenn Artgenossen nett zueinander sind, ist nicht plausibel. Weder in den Volieren noch im Freiland scheint es sie zu tangieren, wenn Raben einander kraulen oder miteinander spielen – solange diese das nicht zu oft miteinander machen. Tatsächlich fällt auf: Andere Raben schreiten immer erst genau dann gegen das Techtelmechtel ein, wenn es zum wiederholten Mal passiert und reziprok wird.

Diese Beobachtung hat sich in einer detaillierten Verhaltensstudie an wildlebenden Raben bestätigt, an der ein Team von Studierenden und mein damaliger Postdoc-Kollege Jorg Massen beteiligt waren. Sobald Raben anfangen, regelmäßig und gegenseitig nett zueinander zu sein, gehen andere Raben immer wieder dazwischen. Wie wir wissen, steigen eng miteinander befreundete Raben in der Rangfolge auf; unsere Ergebnisse legen nahe, dass Raben dies antizipieren. Sie beobachten und kategorisieren die anderen Artgenossen offenbar – und versuchen, eine sich anbahnende Freundschaft gar nicht erst aufkeimen zu lassen. Ihr soziales Wissen setzen sie demnach ein, um die Beziehung anderer zu manipulieren. Für diese Hypothese spricht, dass insbesondere höherrangige Raben dieses Verhalten gegenüber ihnen unterlegenen Raben zeigen.

Wir ziehen daraus den Schluss: Raben zeigen tatsächlich Ansätze zur „Politik". Sie schmieden Freundschaften, die als Koalitionen in Streitereien hilfreich sind und zu einer Verbesserung ihres Rangs führen können, wobei die Rangposition abhängig von der Hilfe des Partners wird. Zudem treiben sie aktiv einen Keil zwischen mögliche neue Koalitionen anderer Raben – denn wenn diese einander nicht helfen, besteht keine Gefahr, dass sich die Rangverhältnisse verschieben. Idealerweise bräuchten wir nun Verhaltensexperimente, um die Kausalzusammenhänge dieser Interpretation zu überprüfen. Um ehrlich zu sein, haben wir dazu aber noch kein geeignetes Versuchsdesign gefunden. Wir versuchen daher fürs Erste mit weiteren Beobachtungsstudien im Freiland mehr über dieses taktische Verhalten zu erfahren.

Reziprozität und Kooperation: Nicht nur bei Raben interessant

Zwei Raben stochern im Kadaver eines Damwildes. Er muss schon ein paar Tage hier liegen, das kann man riechen. Aber nur, wenn man ganz nahe an den Zaun des Geheges herangeht. Die Raben sind ganz mit Fressen beschäftigt, ohne Fleischbrocken zuerst zu verstecken. Es scheint, sie haben keine Eile. Bis ein Wolf heranläuft: Unter lautem Geschrei fliegen sie auf. Weiter hinten im selben Gehege liegt ein Braunbär und döst – er zeigt keine Reaktion.

Im Cumberland-Wildpark, mit dem wir Wissenschaftler*innen der Uni Wien eng kooperieren, leben Braunbären und Wölfe seit 2019 in einem gemeinsamen Gehege. Das fordert den Blick der Zoobesucher*innen immer wieder heraus – im positiven Sinn: Es bricht die ungeschriebene Regel im Tierpark, eine Tierart pro Gehege „auszustellen". Von gleich zwei großen Beutegreifern in ein und demselben Areal ist man zuerst einmal irritiert; diese Haltungsweise kommt der „freien Wildbahn" verwirrend nahe. Denn auch dort würden sich diese beiden Arten einen Lebensraum, vielleicht auch dasselbe Beutetier teilen. Die Raben können ebenfalls wie im Freiland einfach zu- und abfliegen. In meiner Arbeitsgruppe interessieren wir uns ja nicht nur für das Verhalten der Raben untereinander, sondern auch für die Interaktionen zwischen Raben und anderen Arten wie eben Wölfe und Bären. Dafür ist dieser Ort genau richtig.

2021 ist die Konrad-Lorenz-Forschungsstelle umgezogen. Zu eng war es bei den vielen internationalen Studierenden, Forschungsmitarbeiter*innen, Zivildienern und Gästen in dem Haus geworden, das Lorenz einst bewohnte – eine alte Mühle aus dem Jahr 1756. Deshalb entschloss sich der Betreiberverein des Cumberlad-Wildparks gemeinsam mit der Universität Wien und dem Land Oberösterreich, einen Neubau entstehen zu lassen.

Die Leitung dieser offiziellen Außenstelle der Uni Wien hatte nach Kurt Kotrschals Pensionierung Sonia Kleindorfer übernommen, eine renommierte Verhaltensbiologin,

Raben und große Beutegreifer: Die Fütterungen der Wölfe (oben) und Bären (unten) stehen bei Raben hoch im Kurs und simulieren relativ gut freilandnahe Bedingungen an Kadavern. Wölfe sind dabei für Raben durchaus gefährlich. Sie verteidigen nicht nur ihr Futter, sondern können gelegentlich auch gezielt versuchen, einen Raben zu erwischen. Bären vertreiben ebenso Raben, erwischen sie aber kaum. Dementsprechend vorsichtig agieren die Raben gegenüber den Beutegreifern. Die Fütterungen bieten ihnen aber auch eine Gelegenheit, sich vor anderen zu beweisen, was vor allem jungerwachsene Männchen zu nutzen scheinen.

die wir von Australien zurück nach Österreich holen konnten. Für mich selbst kam die Leitung der Forschungsstelle nicht infrage. So gerne ich es gemacht hätte, mein Platz ist in Wien und von dort aus wäre ich der Aufgabe nicht gerecht geworden.

Auf der sonnigen Terrasse der neuen Forschungsstelle setzen wir uns an diesem Frühlingsnachmittag zusammen. Mit dabei ist Petra Sumasgutner, eine Jungwissenschaftlerin, die wir nach einem mehrjährigen Aufenthalt in Südafrika für eine Postdoc-Phase in Grünau gewinnen konnten. Petra ist eigentlich Greifvogelspezialistin mit einem starken ökologischen Hintergrund; sie interessiert sich vor allem für die interspezifischen Interaktionen der Raben und hält organisatorisch wie wissenschaftlich die Fäden zusammen, wenn ich nicht vor Ort bin. Ebenfalls anwesend ist Petra Pesak, meine Mitarbeiterin und rechte Hand im Koordinieren von Arbeiten aller Art an den Außenstellen. Sie managt nicht nur den Betrieb am Haidlhof samt Austausch der Tierpfleger*innen mit Grünau, sondern beaufsichtigt gerade den Bau einer neuen Rabenvoliere im Wildpark und betreibt ein Projekt zum Singvogelmonitoring. Awani und Silvia sind als Doktorandinnen für jeweils drei bis vier Jahre in Grünau und berichten heute vom Stand ihrer Arbeiten. Dazu kommen noch mehrere Masterstudierende von der Uni Wien wie Anna und Gabriela sowie internationale Studierende wie Salomé, die gewöhnlich vier bis acht Monate bleiben. Ähnlich große Gruppen an aktiv forschenden Studierenden betreue ich auch am Haidlhof, wo der Fokus auf kognitive Studien an Raben und Krähen liegt, und direkt am Department für Verhaltens- und Kognitionsbiologie in Wien-Landstraße, hier mit Fokus auf Weißbüschelaffen. Mit jeder Gruppe treffe ich mich mindestens einmal im Monat jeweils vor Ort;

gemeinsam treffen wir uns alle zwei Wochen im sogenannten „B-lab" – das „B" steht kurz für meinen Nachnamen –, meinem Arbeitsgruppen-Meeting, das wir seit Corona online durchführen. Die Pandemie hatte in dem Fall etwas Gutes, denn online können nun immer alle dabei sein, unabhängig von ihrem jeweiligen Aufenthaltsort.

Ich habe in meiner wissenschaftlichen Arbeit gelernt, dass sie gleichermaßen einfacher und besser wird, wenn wir als Forscher*innen miteinander kooperieren – durchaus im Sinne der räbischen Koalitionen. Für meine Studierenden bedeutet das: Alle helfen beim Erstellen von Beobachtungsdatensätzen an den verschiedenen Instituten mit. Sie machen Video- bzw. Audioaufzeichnungen nach einem standardisierten Muster und einer Checkliste, die gewährleistet, dass alle Raben pro Beobachtungszeitraum ähnlich oft als Fokustiere ausgewählt werden. Sie erstellen somit einen gemeinsamen Datenpool, aus dem dann auch alle schöpfen können, um ihre Forschungsfragen zu beantworten. Die Generierung von Daten läuft somit immer weiter, auch wenn jemand einmal für ein paar Tage zu einer Konferenz fährt oder krank ist.

Diese Form der Kooperation nennt man Mutualismus. Es bringt allen etwas, dabei mitzumachen. Mehrere Arbeiten sind zudem auch fachlich oder methodisch aufeinander abgestimmt. Das erleichtert es den Studierenden, einander beim Durchführen von Verhaltensexperimenten zu helfen: Anna Fabbri hat sich in ihrer Masterarbeit mit Futterrufen beschäftigt und gerne dem Dissertanten Christian Blum in einem Playback-Experiment geholfen, in dem Futterrufe verwendet wurden. Christian wiederum hat in den Jahren davor Mario Gallego-Abenza bei dessen Playback-Experimenten unterstützt. Silvia und Awani planen gerade eine gemeinsame Studie. Lisa-Claire Vanhooland und Katharina Wenig, zwei weitere Dissertantinnen, sind kurz vor dem Publizieren einer solchen.

Kooperationen in meiner Arbeitsgruppe werden von mir nach besten Kräften unterstützt. Der Vorteil liegt auf der Hand: Auf diese Weise können wir oft eine zusätzliche Studie durchführen oder substanzieller gestalten, was typischerweise zu hochwertigeren Publikationen führt. Die Mitarbeiter*innen werden als Co-Autor*innen genannt, was in der Wissenschaft als offizielle Anerkennung gilt und Reputation einbringt.

Einmal bist du dran, einmal ich, so beginnen auch Rabenfreundschaften: über Reziprozität. Bei Menschen ist das nicht anders. Wenn ich mir den Umgang der Studierenden untereinander anschaue – ob in meiner Arbeitsgruppe oder in denen von Kolleg*innen –, ist das Muster ziemlich ähnlich. Es bilden sich immer wieder Untergruppen, in denen sich Mitglieder abwechselnd helfen: Die eine kann besser eine statistische Analyse, der andere besser einen wissenschaftlichen Text verfassen. Durch gegenseitiges Ausbessern profitieren alle – und sie feiern dann womöglich auch gemeinsam den Erfolg. Vielleicht bin ich durch meine Forschung beeinflusst, aber ich habe den starken Verdacht, dass auch hier die sozial Kompetenteren langfristig besser wegkommen. Jedenfalls freut es mich sehr, dass ich persönlich mit vielen meiner ehemaligen Student*innen und Postdocs noch immer eine gute Gesprächsbasis habe, obwohl wir selten in Kontakt sind.

Wir wissen übrigens auch von Raben, dass sie sich an die Wertigkeit von Beziehungen, die sie früher einmal hatten, erinnern können. Markus Böckle hat im Rahmen seiner Dissertation ehemalige Raben von uns aufgesucht, die wir vor ein paar Jahren abgeben mussten, weil wir damals keinen Platz für weitere Paare hatten. Sie leben seitdem weit voneinander entfernt in Zoos und Privathaltungen. Markus spielte ihnen in einem Playback-Experiment Rufsequenzen von Raben vor. Er verwendete hierzu immer denselben Ruf „Rab" – formal völlig standardisiert, aber von verschiedenen Artgenossen geäußert: von ehemaligen Freunden, ehemaligen feindlich gesinnten Gruppenmitgliedern und von völlig unbekannten Raben. Das Ergebnis: Die Tiere antworteten insbesondere jenen Artgenossen, die sie von früher kannten, aber in unterschiedlicher Modulation. Bei Freunden klangen die Rufe klarer, bei ehemaligen Feinden eher dumpf. Ich muss bei diesem Ergebnis immer wieder an Maturatreffen denken, bei denen man ehemalige Klassenkamerad*innen wiedersieht: Die Freunde von früher grüßt man begeistert: „Super, dass du auch da bist!"; diejenigen, mit denen man sich nicht so gut verstand, grüßt man vielleicht mit einem weniger erfreuten: „Ah, hallo, du also auch da."

8

Danke für die Information!

Rufe, Gesten, Blicke – Raben kommunizieren über vielfältige Wege

In den Neunzigerjahren besuchte ich den Alpenzoo Innsbruck. Gemeinsam mit meinem Kollegen Johannes Fritz wollte ich Waldrappjunge zur Handaufzucht in Grünau abholen. Ich nutzte die Gelegenheit, um bei den Kolkraben vorbeizuschauen. Das Männchen, Jakob, war nämlich bekannt für sein „Sprechen". Und tatsächlich, es dauerte nicht lange, bis Jakob offenbar bemerkt hatte, dass ich ihn unter all den vorbeiströmenden Besucher*innen als Einziger länger beobachtete – und mit einem glasklar verständlichen „Do kim her" im Tiroler Dialekt aufwartete. Nachdem ich mich direkt an sein Gehege gestellt hatte, steckte er mir ein kleines Stück

Holz durch das Gitter und sah mich an. Johannes hatte mir von diesem Verhalten bereits erzählt und auch die ehemalige Kuratorin Ellen Thaler hatte mich vorgewarnt, dass Jakob nicht immer freundlich reagierte, wenn man sich traute, sein Stöckchen zu nehmen. Ich war daher vorsichtig, doch Jakob überließ es mir ohne Probleme. Als ich kurz darauf gehen wollte, sagte er wieder „Do kim her".

Raben können also, ähnlich Papageien, ausgezeichnet menschliche Äußerungen imitieren. Aber warum machen sie das? Verstehen sie die Bedeutung von dem, was sie sagen? Und wie ist das mit ihren eigenen Rufen?

Obwohl mich Lautäußerungen von Raben brennend interessieren, muss ich zugeben, dass wir noch nicht allzu viel darüber wissen. Rabenkommunikation ist nämlich extrem komplex! Zu dieser Einsicht ist bereits mein erster Dissertant Markus Böckle gekommen, der sich mit den Rufen von Raben näher beschäftigt hat. Zunächst wollte er sich das Rufrepertoire von Kolkraben genauer anschauen, da er dazu in der Literatur sehr unterschiedliche Angaben fand. Er brach das Vorhaben aber schließlich ab, denn mit jedem Raben, den er aufnahm, stieg auch die Anzahl der Rufe ... Markus konzentrierte sich schließlich auf eine Auswahl bestimmter Rufe für seine Studien.

Generell können wir rund zehn Rabenrufen eine fixe Bedeutung zuordnen – wie beim bereits erwähnten „Haa", dem Futterruf. Diese Rufe sind „formkonstant" und lassen sich mittels akustischer Messungen ganz klar beschreiben, wenngleich wir leicht abgewandelt je nach Alter, Geschlecht, Stimmung, Aufgeregtheit etc. individuelle Unterschiede messen können.

Daneben gibt es aber noch eine zweite riesige Palette von Rufen, die der Selbstdarstellung, dienen. Diese Show-off-Rufe sind äußerst variabel. Wir können sie nur deshalb diesem Kontext zuordnen, weil sie immer zusammen mit ganz konkreten Verhaltensweisen – „dickem" Kopf mit aufgeplustertem Gefieder, hochgehaltenem Schnabel, angehobenen Flügeln und leichten Verbeugungsbewegungen – einhergehen. Diese Rufe bezeichnen wir daher nach dem Verhalten (*self-aggrandizing display*) und kürzen sie mit SAD ab; ein deutscher Ausdruck dafür wäre „Balzen", was jedoch missverstanden werden kann, denn SAD-Rufe werden nicht nur zwischen Männchen und Weibchen, sondern auch zwischen gleichgeschlechtlichen Konkurrent*innen abgegeben.

Jeder Rabe verfügt über mehrere SAD-Rufe, die er individuell erlernt hat und die auch immer wieder in neuen SAD-Lauten recycelt werden. Es können dafür aber auch Geräusche aus der Umwelt eingebracht werden.

Zu hören bekommen haben wir schon eine Art Quaken von einem Raben neben einem Froschteich, Raben, die „wieherten" und bei einer Pferdekoppel untergebracht waren, und „plop" – von Raben, die neben einem Tennisplatz nisteten. Sie übernehmen also Laute aus ihrer Umgebung, beziehen sie in ihr Rufrepertoire ein und verwenden sie als „Markenzeichen". Das „Do kim her" von Jakob im Alpenzoo dürfte ebenso zustande gekommen sein.

Raben scheinen sich diese Markenzeichen bewusst anzueignen: Ein Rabe kann etwa nicht auf Anhieb den Tennisballlaut täuschend echt imitieren. Er muss das immer wieder üben. Dabei sitzen die Tiere allein in einer Ecke und spielen mit der eigenen Ausdrucksweise. Den Artgenossen führen sie den Laut erst dann vor, wenn sie ihn schon gut beherrschen.

Damit wollen sie die anderen Raben beeindrucken. Wenn die Konkurrenten in der Gruppe darauf reagieren, kann das ein typischer Ruf für die ganze Gemeinschaft werden. Wie eine vorübergehende Modeerscheinung binden dann alle das neue Geräusch auf ihre Art und Weise in ihre Lautäußerungen ein. Es kann aber auch nur der Paarpartner den neuen Ruf toll finden, und seinerseits mit einem spezifischen Laut antworten – so wird diese Lautfolge womöglich zur Konvention zwischen den Partnern, sie ver- und bestärken das immer wieder. Im Fall von Jakob war es nicht ein Artgenosse, der sein „Do kim her" großartig fand, sondern die Menschen in seiner Umgebung. Ich glaube mich erinnern zu können, dass Jakob vor seiner Zeit im Alpenzoo in Privathaltung mit einer Bezugsperson gelebt hat. Dass er dabei anfing, menschliche Laute zu kopieren, ergibt Sinn. Ob er sie auch verstanden hat, lässt sich leider nicht mehr klären.

Wenn Raben ihre individuellen SAD-Rufe kombinieren, dann können sie als eine gemeinsame Kennung funktionieren – sie etablieren damit eine Gemeinsamkeit und werden zum Beispiel als „Paar vom Tennisplatz" identifiziert. Die Idee, dass Rabenkommunikation eine Konvention darstellt, geht auf meine bereits erwähnten Schweizer Kollegen Peter Enggist-Düblin und Ueli Pfister zurück. Bei den SAD-Rufen lagen sie damit völlig richtig. Was aber noch kaum in Betracht gezogen worden ist, ist die Flexibilität im System. Die Kennung eines Paares anhand ihrer SAD-Rufe ist nämlich nicht in Stein gemeißelt: Sie ist plastisch und kann sich „im Gespräch" oder über einen längeren Zeitraum auch leicht wieder verändern. Für unsere Erforschung der Informationsweitergabe unter Raben ist diese Dynamik der Laute aus dem SAD-Cluster höchst spannend.

Diese akustische Plastizität zeigt sich auch noch auf andere Art, vergleichbar mit unseren menschlichen Sprachen oder Dialekten. Das wurde mir klar, als ich als Doktorand zum ersten Mal längere Zeit in Grünau verbrachte und dachte: Ich weiß genau, wie Kolkraben klingen. Aber nur so lange, bis ich diese Rufe an anderen Orten hörte: In den USA gab es zwar auch die „Haa"- und „Rab"-Rufe in den bekannten Bedeutungen, aber die SADs klangen dort ganz anders.

Als wir dann 2010 den Haidlhof, unsere Forschungsstelle in Niederösterreich, eröffneten, starteten wir mit rund zwei Dutzend kleiner Raben in zwei Gruppen, alle etwa sechs Monate alt und bei ihren Eltern aufgewachsen. Das allerdings in unterschiedlichen Regionen: Zu jenen aus Österreich und dem süddeutschen Raum kamen vier aus Lund in Südschweden. Anfangs gab es bei den Lautäußerungen keinen Unterschied zwischen den Raben, alle klangen gleich. Im Alter von einem Jahr aber, als die Tiere mit ihrem Statusspiel begannen, brachten die kleinen Schweden ganz ungewöhnliche Geräusche hervor: „Hp-hp-hp-hp-gack", sagte einer; ein zweiter machte „Äääächz".

Offenbar hatten die schwedischen Raben diese Laute noch in ihrer Heimat aufgenommen – viele Singvögel lernen schon im Nest die Rufe oder den Gesang der Eltern. In diesem Fall haben die Raben ihr Können dann erst ein Jahr später bei uns ausgespielt. Die Schweden in der einen Gruppe verwendeten also diese Rufe in ihrem SAD-Repertoire – und interessanterweise strengte sich Jonas, ein dominanter Rabe der anderen Gruppe, sehr an, diese Rufe auch zu erlernen. Er übernahm schließlich zwei der außergewöhnlichen Rufe, zusätzlich zu seinen beiden eigenen, um seinen Status in seiner Gruppe zu beweisen.

Als wir ein paar Jahre später unsere eigene Brutkolonie aufbauten und neu etablierte Paare vom Haidlhof nach Grünau übersiedelten, konnte Markus die Neuankömmlinge an ihrem „Dialekt" identifizieren: „Die nehmen andere SADs!", sagte er, beobachtete dann aber auch, dass sie sich schnell in den regionalen Dialekt in Grünau einfügten. Es

Akustisches und visuelles Signalisieren: Das subadulte Männchen Ginza laut rufend, etwa „haa!“ oder „rab“ (oben). Derselbe Rabe (rechts im Bild unten, mit dickem Kopf, Nickhaut über den Augen und in einer Verbeugungsbewegung) beim Status-„show-off“ gegenüber einem submissiven Jungraben (links).

kommt offenbar auch stark darauf an, auf welche Weise die Tiere einer lokalen Gruppe vokalisieren.

Sehen: Augentiere wie wir Menschen

Raben ähneln uns Menschen nicht nur in der akustischen Wahrnehmung, sondern auch in ihrer visuellen. Das macht die Erforschung der Kommunikation unter den Raben für mich noch einmal spannender. Akustisch wahrgenommene Signale sind jene Ebene, an die wir Menschen wohl als Erstes denken, wenn es um Informationsweitergabe geht. Wir vergessen dabei gern, dass verschiedene Tiere ganz unterschiedliche Modalitäten dafür entwickelt haben, um andere zu informieren. Das kann auch weit über unsere menschlichen Fähigkeiten hinausreichen – sei es die Wahrnehmung von Ultraschall, Infrarot oder Strom.

Raben – beziehungsweise Singvögel insgesamt – verlassen sich wie wir Menschen allerdings in erster Linie auf akustische und visuelle Wahrnehmung, auf ihr Hören und Sehen also. Das sind die beiden Modalitäten, die auch wir hauptsächlich nutzen. Für mich als Wissenschaftler macht es das einfacher, ich kann Raben in dieser Hinsicht definitiv eher verstehen als etwa einen Delfin oder eine Fledermaus.

Schauen wir uns also einmal ihre Wahrnehmung an: Wie sieht ein Rabe eigentlich? Alle Wirbeltiere haben in der Netzhaut lichtempfindliche Nervenzellen verschiedener Art. Am bekanntesten sind Stäbchen, zuständig für die Wahrnehmung von Hell und Dunkel, und Zapfen. Während manche Tiere gar keine Farben unterscheiden können, verfügen wir Menschen über drei solcher Zapfen: Blau-, Grün- und Rotrezeptoren. Vögel wiederum haben mindestens vier, sie sind also tetrachromatisch und können auch im ultravioletten Bereich sehen. Bei Meisen wurde erfolgreich nachgewiesen, dass sie etwas, das wir noch als blau wahrnehmen, als ultraviolett sehen.

Mein britischer Kollege John Endler hat bei unseren Krähen und Raben gemessen, inwieweit ihr Gefieder UV-Licht reflektiert. Eigentlich hatten wir uns davon erwartet, dass bestimmte Gefiederpartien UV-Licht unterschiedlich stark reflektieren und daher für die Raben und Krähen unterschiedlich ausschauen würden. Doch das ist nicht so: Das Gefieder reflektierte bei unseren Testungen nahezu ausschließlich im für uns sichtbaren Bereich – dafür aber Schnabel und Beine der Tiere auch teilweise im UV-Bereich! Höchstwahrscheinlich nehmen die Vögel also Artgenossen mit einem „bunteren" Schnabel bzw. Beinen wahr – leider wissen wir aber nicht, wie *bunt*.

Welche Rolle hat nun der Sehsinn bei der Kommunikation unter Raben? Nun, wie vorher bereits erwähnt, gehen zum Beispiel ihre SAD-Rufe mit ganz bestimmten Verhaltensweisen und Körperhaltungen einher. Das bedeutet: Die Vögel kombinieren diese Laute immer mit visuellen Signalen. Beim „Angeben" machen Raben – unabhängig vom Geschlecht – einen dicken Kopf, spreizen die Federn ab, blasen ihren Kehlsack auf und stellen auch noch ihre Federohren auf, machen sich also groß. So aufgeplustert gehen sie dann zu einem anderen Raben hin, machen eine Aufforderungsgeste, indem sie mit dem Schnabel nach oben deuten, wie das manchmal auch menschliche Jugendliche mit dem Kinn beim Stänkern tun. Dann gehen die beiden Tiere im Wackelgang nebeneinander her und vokalisieren: entweder ihren eigenen Statusruf oder auch den des anderen in einer Abwandlung, um dem jeweils anderen – oder auch dem Publikum – zu imponieren. Die Verhaltenskomponenten sind dabei formkonstant, bleiben also in ihrer Ausführung gleich. Variiert werden hingegen die Laute.

Vielleicht ist Ihnen aufgefallen, dass ich gerade beim Beschreiben des Aufforderns das Wort „Geste“ verwendet habe – ein Begriff, den wir üblicherweise für menschliche Hand- oder Körperbewegungen verwenden. Er hat sich auch bei Tieren eingebürgert, bezeichnet dabei aber ganz spezielle Fälle: nämlich wenn Körperbewegungen flexibel zur Kommunikation eingesetzt und auf einen Sachverhalt abgestimmt werden. Gemeinsam mit Simone Pika, einer Expertin für Gesten von Menschenaffen, konnten wir dies auch bei Raben nachweisen: Sie setzen dieselbe Kopfbewegung nicht nur beim Imponieren ein, sondern auch um jemandem etwas zu zeigen oder zum Tausch anzubieten. Umgekehrt können sie auf unterschiedliche Art und Weise einen anderen Raben zu etwas auffordern: Das tun sie zum Beispiel, indem sie den Kopf senken und unter den Schnabel eines anderen halten oder indem sie den anderen kurz am Kopf kraulen. Das legt einen gewissen Grad an Intentionalität nahe.

Stark ausgeprägt sind Gesten bei Menschenaffen. Im Gegensatz zu ihren meisten Lautäußerungen können sie Gesten relativ leicht neu lernen und flexibel einsetzen. Ihr Show-off-Verhalten setzt sich daher meist aus formkonstanten Rufen und relativ variablen visuellen Signalen zusammen. Ganz im Gegensatz zu den Raben also. Obwohl sich der Grad an Flexibilität, und vermutlich Intentionalität, zwischen akustischen und visuellen Signalen bei Primaten und Rabenvögeln deutlich unterscheidet, gibt es auch interessante Gemeinsamkeiten. Im visuellen Bereich etwa kann eine Aufforderung zum Spielen unter Schimpansen auf zahlreiche verschiedene Arten passieren – indem einer den anderen anschnippt, mit dem Ellbogen anstößt oder neben ihm auf und ab springt.

Bei Raben kann einer den anderen zum Spielen auffordern, indem er den anderen kurz am Schwanz oder Flügel zieht, auf ihn mit beiden Füßen „draufspringt“ oder ebenfalls neben ihm auf und ab springt.

Obwohl der Begriff Geste über mehrere Kriterien definiert ist, ist es nicht immer einfach zu entscheiden, ob Verhaltenssignale flexibel genug sind, um als Geste bezeichnet zu werden; der Übergang ist da fließend. Es hängt auch davon ab, wie gut wir die andere Spezies kennen: Bei Menschenaffen verstehen wir eine herholende Armbewegung und werden sie – kontextabhängig – eher als Geste interpretieren. Die Verwandtschaft macht es uns einfach, ihr Verhalten im visuellen Bereich deuten zu können. Je weiter die Tiere in ihrer Körperlichkeit von uns entfernt sind, umso schwerer tun wir uns mit der Interpretation. Bei Raben verstehen wir intuitiv zunächst sehr wenig. Daher müssen wir erst ihre Ausdrucksweisen lernen: Was bedeutet welche Schnabel- bzw. Gefiederhaltung?

Allerdings: Wenn ein Individuum sich groß macht – sei es mit aufgestellten Federn, Ohren, Haaren oder einer Krone – und das andere daneben sich duckt, eine Defensivposition einnimmt, dann verstehen wir diese beiden visuellen Signale sofort, ob es sich bei den Handelnden nun um Raben, Elefanten oder Menschen handelt.

Nicht jede Körperhaltung muss automatisch ein Signal sein, das aktiv gegeben wird – auch das sollten wir im Gedächtnis behalten. Tiere können ihren Artgenossen auch ganz unwissentlich Informationen übermitteln. Welche Rolle so ein „cue“ spielt, wurde bereits im Zusammenhang mit dem Futterversteckspielen und der Theory of Mind thematisiert. Zum Beispiel fliegt ein Rabe über den Wildpark und sieht, dass fast alle Raben am Boden den Kopf gesenkt haben. Er kann aus diesem Anblick schließen: „Da könnte es Futter geben!" Dieser Hinweis wird zwar nicht aktiv von denen gegeben, die gerade fressen – aber ihr Verhalten gibt relevante Informationen, die von vorbeifliegenden Raben aufgegriffen werden können, dem Motto folgend: „Dort, wo andere den Kopf unten haben, lohnt es sich vorbeizuschauen."

Werden solche Verhaltenshinweisen als Informationsquellen genutzt, handelt es sich streng genommen allerdings nicht um „Kommunikation". Denn in der Kommunikationstheorie braucht es einen Sender, der ein Signal aussendet, und einen Empfänger, der das Signal empfängt und interpretiert. Wenn wir im Kontext der Nahrungssuche bleiben, ist ein typisches Beispiel dafür der Futterruf: In diesem Fall gibt der Rufer aktiv Information preis; im Gegensatz zu den Raben, die am Futterplatz nur den Kopf gesenkt haben, ist er ein Sender. Artgenossen, die den Ruf empfangen, reagieren meist mit Annäherung, d. h. sie werden vom Rufer auf den Futterplatz aufmerksam gemacht. Allerdings muss das nicht bedeuten, dass der Rufer auch die Intention hat, andere herzuholen. Möglicherweise will er mit seinem „Haa!" nur ausdrücken: „Ich will das haben!" Die Zuhörer könnte die Botschaft dagegen als ein „Komm her!" interpretieren – denn wenn der Rufer ausdrückt, dass er Futter haben will, gibt es dort, wo er sich befindet, auch etwas zu fressen.

Intentionalität: Wie sehr ist Informationsvermittlung gewollt?

Worauf ich hinauswill: Informationsweitergabe kann intentional, also – etwas verkürzt gesprochen – willentlich passieren, sie muss aber nicht. Im einfachsten Fall kann ein Signal wichtige Information beinhalten, bewusst geben will der Sender diese Information jedoch nicht. Gemäß dem vom US-amerikanischen Philosophen Daniel Dennett eingeführten Modell von Intentionalitätsebenen sprechen wir daher von der Basisstufe ohne Intentionalität („zero-order intentionality"). Ein Beispiel dafür: Ich verbrenne mir die Hand, erschrecke mich und schreie dabei „Aua!". Ich schreie allerdings nicht, weil ich den anderen Leuten in der Küche etwas mitteilen will. Dennoch kann eine andere Person hören, dass die Information auch für sie relevant ist – bevor sie sich auf die heiße Herdplatte lehnt.

Bei der nächsten Stufe („first-order intentionality") wird es tatsächlich intentional: Nun geht es darum, dass der Sender des Signals das Verhalten anderer beeinflussen möchte: etwa, damit Artgenossen weggehen oder herkommen. Beispiele dafür wären Alarmrufe – „Lauf weg"! – und Futterrufe – „Hierher"! – bzw. auch die entsprechenden Gesten zum „Verscheuchen" und „Herwinken". Die nächste Ebene der Intentionalität („second-order intentionality") bezieht sich darauf, nicht nur das Verhalten, sondern auch die Gedanken des anderen zu beeinflussen – im Sinne von: „Ich will, dass du weißt, warum du was tun sollst." Mitgeteilt wird also bei der Sichtung eines Fressfeindes nicht nur „Lauf!", sondern auch um welche Art von Feind es sich handelt – „Leopard!" oder „Adler!" –, wie es zum Beispiel viele Affen tun. Schließlich erfordern diese Signale auch unterschiedliche Reaktionen: „Rauf auf den Baum!" oder „Runter ins Gebüsch!" Allerdings kann ein entsprechend unterschiedliches Fluchtverhalten auch nur bedeuten, dass die Empfänger gelernt haben, unterschiedliche Signale mit unterschiedlichen Reaktionen zu verbinden. Ob Tiere tatsächlich zu einer Intentionalität zweiter Ordnung in der Kommunikation fähig sind, wird daher noch heftig diskutiert.

Doch zurück zu unseren Raben: Meist passen sie ihre Kommunikation flexibel an die Situation an, was für eine Intentionalität erster Ordnung spricht. Typischerweise geben sie also Signale, um das Verhalten anderer zu beeinflussen. Sie beziehen dabei meist auch das jeweilige Publikum mit ein, was wir als „audience effect“ bezeichnen. Bei dem, was sie „sagen“, wird offensichtlich mitbedacht, zu wem sie es sagen und wer sonst noch zuhören könnte. Etwa dann, wenn sie mit Beschwichtigungsrufen beim Streiten über- oder untertreiben, je nachdem, wer gerade anwesend ist. Soziale Komplexität geht üblicherweise auch mit kommunikativer Komplexität einher. Bei Tierarten mit einem fixen Lautrepertoire ist das einfach zu messen – da ist die Richtschnur oft die Anzahl ihrer Rufe: je mehr verschiedene Laute, desto komplexer das Kommunikationssystem. Bei Primaten etwa funktioniert das gut.

Aber bei den Raben? Das Repertoire der Art ist nahezu unbegrenzt. Jeder einzelne Vogel verwendet zwar im Schnitt etwa zwanzig Rufe, doch nur etwa die Hälfte davon haben alle gemeinsam. Der Rest ist erlernt, und wie wir bereits erfahren haben, ist dieses gelernte Repertoire hochgradig plastisch. Denn Raben sind vokale Lerner, und zwar ein ganzes Leben lang – das Lernen ist bei ihnen eine unendliche Geschichte. Sie können immer wieder neue Laute dazulernen – während viele andere Singvögel nur in einem begrenzten Zeitraum offen für Neues sind.

Hören: Stimmen erkennen und Bedeutung einschätzen

Werfen wir auch beim akustischen Sinn der Raben noch einen Blick auf die Grundlagen: Auch bei dieser Art der

Wahrnehmung ist davon auszugehen, dass ihr Hörvermögen etwa unserem Spektrum entspricht. Um Laute zu produzieren, haben Raben – wie alle Singvögel – eine Syrinx, einen Stimmkopf. Sie verfügen also grundsätzlich über die anatomischen Voraussetzungen, Gesänge zu erzeugen – und haben auch das neuronale Rüstzeug dafür, sie sowohl zu produzieren als auch zu empfangen. Bloß: Sie singen nicht.

Stattdessen haben sie ihr großes Ruf-Repertoire. Dazu zählen die bereits erwähnten erlernten Laute, die wir als SAD-Cluster zusamenfassen, und die dem Show-off dienen. Wie viele SAD-Rufe einzelne Raben verwenden und wie lange sie bei denselben Rufen bleiben, ist individuell sehr unterschiedlich. Wie viele andere Vögel und Säugetiere setzen Raben auch einige Rufe ein, die sich auf Ereignisse in ihrer Umgebung beziehen. Das sind Rufe mit „funktionaler Referenz", wie es in der Fachsprache heißt. Konkret handelt es sich hierbei um Rufe, die etwas mit Futter zu tun haben, und um Rufe, die etwas mit potenziellen (Fress-)Feinden zu tun haben, also Alarmrufe.

Meinem Dissertanten Mario Gallego-Abenza ist aufgefallen, dass Raben unterschiedlich stark reagieren, je nachdem von wem die Alarmrufe kommen. Mario konnte mittels eines Playback-Versuchs auch nachweisen, dass Rufe von Jungraben weniger „ernst genommen" werden als jene von Erwachsenen. Wir vermuten außerdem, dass es eine Rolle spielt, wie viele Raben rufen – allerdings hat sich das in unseren Experimenten noch nicht bestätigt. Was wir aber bereits belegen können: Raben reagieren auch auf die Alarmrufe von verwandten Arten wie Krähen oder Dohlen. Sie unterscheiden dabei aber nach Dringlichkeit bzw. ob es sich um eine Situation handelt, die für sie selbst gefährlich ist: So reagieren sie auf Alarmrufe von wesentlich kleineren Dohlen, wenn wir diese rund um das Wolfsgehege abspielen – nicht aber, wenn sie sie rund um das Wildschweingehege hören.

Zudem unterscheiden sie zwischen Alarmrufen von Rabenvögeln und anderen, etwa gleich großen Vögeln wie Möwen, selbst wenn es sich um Arten handelt, die sie noch nie zu Gesicht bekommen haben. Eine entsprechende Serie an Playback-Versuchen führte ich in Kooperation mit Petr Veselý von der Südböhmischen Universität in Budweis durch. Die Ergebnisse legen nahe, dass es in der Rabenverwandtschaft eine Art Signatur in Alarmrufen geben dürfte, die es den unterschiedlichen Arten erlaubt, aufeinander zu reagieren.

Bei den futterassoziierten Rufen wie dem bereits bekannten „Haa!" („Will ich haben!") zeigen sich ebenfalls große individuelle Unterschiede, sowohl in Bezug darauf, wie oft ein Tier ruft, als auch welcher Artgenosse darauf reagiert. Die Rufrate scheint dabei ein Ausdruck der Wichtigkeit oder Dringlichkeit zu sein. Raben, die am Futter interessiert sind, machen den Ruf etwa einmal pro Minute. Raben, die *sehr* am Futter interessiert sind – entweder, weil sie Hunger haben, oder weil wir ihnen im Experiment besonders köstliches Futter zeigen –, steigern die Rufrate auf alle paar Sekunden. Wenn das Futter schließlich erreichbar ist, hören wir von den Dominanten einen anderen Futterruf: „Poh!", was für „Gehört jetzt mir!" steht. Bei den Futterrufen, speziell dem „Haa", können wir sogar hören, wie unterschiedlich Individuen klingen. Wenn mehrere Raben rufen, dann klingt das nicht wie „Haa", „Haa", Haa", sondern eher wie „Haao", Hiia", „Hiaa". Tatsächlich lässt sich diese Variation auch messen und statistisch berechnen. Wir wissen: Erwachsene klingen tiefer als Junge, Männchen anders als Weibchen und selbst innerhalb der Altersklassen und Geschlechter klingen die einzelnen Raben unterschiedlich.

Und zu guter Letzt gibt es noch jene Rufe, die Auskunft darüber geben, was die Raben gerade im Schilde führen, was sie machen wollen. Diese Rufe sind unterschiedlich energiegeladen:

→ Ein lautes „Rab“ etwa ist ein Distanzruf im Sinne von: „Ich bin da – bleib weg!“ Die Information wird dadurch verstärkt, indem „Rabs“ in einer Serie von drei bis fünf Rufen („Rab-Rab-Rab“) unmittelbar hintereinander abgegeben werden.

→ Ein sanftes „Maunzen“ bedeutet hingegen etwas Freundliches: Damit sagt ein Rabe dem anderen: „Ich will nett sein, ich komm zu dir!“ Der Laut wird allerdings nicht benötigt, wenn die beiden Raben einander ohnehin nahestehen. Es sei denn, die Paarpartner sind noch nicht so lange liiert oder zwei Tiere wollen sich versöhnen.

→ Wichtig ist zudem das defensive, aber bei Bedarf auch laute „Rrr“ – ein Beschwichtigungslaut, der sich je nach Aufgeregtheit und je nach Publikum oft oder weniger oft wiederholen kann: etwa „Rrr-Rrr“, wenn man ein wenig aufgeregt ist, „Rrr-Rrr-Rrr-Rrr-Rrr“, wenn die Aufregung sehr groß ist.

Bei all diesen Rufen geben Raben stets etwas über sich selbst preis: Wer sie sind (zumindest Alter und Geschlecht, oft aber auch eine individuelle Note), was sie jetzt machen wollen (essen, nett sein etc.) oder wie sie sich fühlen (etwa erschreckt oder verärgert). Unsere Playback-Experimente zeigen zudem, dass Raben Artgenossen an ihrer Stimme unterscheiden können. Sie wissen also, wer wie klingt. Und sie setzen dieses Wissen selektiv ein: In unseren Playback-Studien reagieren sie gezielt auf bestimmte Individuen oder zumindest auf bestimmte Kategorien wie jung versus alt.

Eine Generationenfrage: Von der Informationsweitergabe zur Kultur

Bei all dieser Komplexität des räbischen Kommunikationssystems, der Kombination von Signalen, formkonstanten und extrem variablen Rufen: Wann sprechen wir in der Verhaltensbiologie eigentlich von „Traditionen" und „Kultur"? Gibt es unterschiedliche Varianten in der Kommunikation und/oder im Verhalten in den Raben-Populationen unterschiedlicher Weltregionen?

Davon müssen wir eigentlich ausgehen! Bei Singvögeln sind regionale Dialekte, die durch soziales Lernen von Generation zu Generation weitergegeben werden, bereits mehrfach beschrieben. Meine Beobachtung, dass SADs von Raben an unterschiedlichen Orten anders klingen, erfüllt das erste Kriterium für eine Tradition: Es belegt die Existenz von unterschiedlichen Varianten zwischen Populationen einer Art. Die anderen beiden Kriterien – dass die Unterschiede durch soziales Lernen zustande kommen (weil die Tiere sich voneinander abschauen, was sie tun oder sagen sollen) und über Generationen weitergegeben werden – müssten für Kolkraben noch empirisch gezeigt werden. Bei alarmrufenden Amerikanischen Krähen hat mein Kollege John Marzluff den Nachweis für alle Kriterien bereits erbracht.

Ähnlich könnte es in Bezug auf die Verhaltensweisen sein. Ich habe im Rahmen meiner wissenschaftlichen Veröffentlichungen immer wieder darauf hingewiesen, dass die Ergebnisse eigentlich nicht völlig verallgemeinerbar sind, weil sie sich auf unsere alpinen Raben beziehen, speziell: auf unsere Raben in den Ostalpen. Raben im europäischen Flachland, im Mittelmeerraum oder in Skandinavien oder gar auf anderen Kontinenten sind vielleicht mit etwas anderen Problemen konfrontiert als unsere Älpler. Oder die Probleme sind ähnlich, ihre Lösungen aber anders?

Ich gehe zwar davon aus, dass Raben in Europa und den anderen Erdteilen sich prinzipiell ähnlich verhalten, aber im Detail gibt es wahrscheinlich Unterschiede: etwa welche Ressourcen sie nutzen, mit welchen Arten sie interagieren oder auch wie sie ihre Feinde möglichst meiden. Vielleicht gibt es im Yellowstone-Nationalpark, wo gerade mein früherer Dissertant Matthias Loretto gemeinsam mit John Marzluff an den Interaktionen von Raben und großen Beutegreifern wie Wölfen, Bären und Pumas forscht, etwa differenziertere Strategien, um den Räubern einen Teil ihrer Beute abzuluchsen, als bei uns im Cumberland-Wildpark. Mein Bauchgefühl, das sich aus meiner Erfahrung speist, sagt mir: Es gibt diese Unterschiede. Erforschen müssen wir sie aber erst. Und vor allem müssen wir zeigen, welche Unterschiede im Verhalten individuell erlernt und welche sozial tradiert sind.

Wir wissen, dass Raben höchst innovativ sind. Manche dieser Innovationen werden von Artgenossen aufgenommen und über Generationen weitergeführt – eben als Verhaltenstraditionen. Von „Kultur" spreche ich als Verhaltensbiologe allerdings erst dann, wenn mehrere Traditionen gleichzeitig bestehen, sich quasi anhäufen – im Idealfall verbessern sich bestehende Traditionen sogar mit der Zeit. Bei Schimpansen und Orang-Utans hat man eine Vielzahl von Traditionen bereits nachgewiesen. Auch bei Delfinen hat man die Entwicklung einer speziellen Werkzeugtechnik – den Einsatz von

Schwämmen beim Stöbern im Sand nach Nahrung – sehr genau nachvollziehen können.

Solche Verhaltenstraditionen über Generationen hinweg zu dokumentieren, festzuhalten, wie Angewohnheiten oder Innovationen sich weiterverbreiten, ist dabei nicht so einfach. Im Wesentlichen gibt es dafür zwei Möglichkeiten. Erstens: Wir bräuchten mehrere wissenschaftliche Beobachter*innen an unterschiedlichen Orten. Gerade bei Raben haben wir hier noch Nachholbedarf!

In Österreich haben wir mit unserer Forschung die weltweit größte Arbeitsgruppe für Verhaltens- und Kognitionsstudien aufgebaut. In Schweden und Nordamerika existieren ebenfalls Arbeitsgruppen, die sich mit Raben beschäftigen, seit Kurzem auch in Israel. Es gibt weitere Forscher*innen, die an Kolkraben arbeiten, die meisten aber mit einem ökologischen bzw. wildbiologischen Hintergrund. Um standardisierte Verhaltensbeobachtungen durchführen zu können, müssten freilebende Raben habituiert werden – für Wildbiolog*innen, die auch noch andere Arten monitoren sollen, oft ein zu großer Aufwand.

Trotz der Schwierigkeiten ist es wichtig, dass unterschiedliche Leute an unterschiedlichen Orten am Rabenverhalten arbeiten. Im Moment dominiere ich mit meiner Arbeitsgruppe zwar ein wenig das Feld, aber ich bin keinesfalls daran interessiert, mir meinen eigenen Horizont zu begrenzen! Daher unterstütze ich bestmöglich alle Bestrebungen von Kolleg*innen, in die Rabenforschung einzusteigen, bzw. versuche ich mit jenen, die schon dabei sind, ein Netzwerk aufzubauen.

Matthias, der mittlerweile an einer Außenstelle der TU München im Nationalpark Berchtesgaden arbeitet, und John Marzluff von der Universität in Seattle etwa schauen sich im

Yellowstone-Nationalpark das Verhalten der Raben aus einer Perspektive an, die ich in dieser Weise nicht abdecken kann. Matthias konzentriert sich auf die Interaktion zwischen Raben und Wölfen, Bären und Pumas; er dokumentiert mittels GPS ihre Raum-Zeit-Muster – wo sich die Tiere der unterschiedlichen Spezies im Verlauf von Wochen, Monaten, Jahren aufhalten. So erhält er einzigartige Daten, mit denen er Hypothesen zu Räuber-Aasfresser-Gemeinschaften testen kann. Zusätzlich können wir unsere Datensätze aus Amerika und Europa vergleichen und so sehen, wie Nichtbrütergruppen an den beiden Standorten agieren. Bei uns gibt es etwa eine deutlich höhere Populationsdichte an Menschen, dort freilich mehr Wolfs- und Bärenrisse.

Für mich sind diese Art von Studien enorm wichtig, um unsere Forschung in Bezug setzen zu können. Das bedeutet nicht, dass die Forschungsbedingungen anderswo „besser" sind, sondern dass wir anhand unterschiedlicher Parameter validere – das heißt: zuverlässigere – Aussagen über Raben im Allgemeinen treffen können. In Frankreich etwa lief einige Jahre lang auch eine Besenderungsaktion, deren Daten wir bis heute auslesen dürfen. Daraus wurde ersichtlich, dass die Raum-Zeit-Muster der französischen Raben vom Massive Central durchaus jenen unserer Raben in den Ostalpen ähneln. Das heißt: Wir können die Ergebnisse von unseren alpinen Raben womöglich für den zentraleuropäischen Bereich generalisieren. Hochinteressant wären Studien noch aus Nord-, Osteuropa und von den Küstengebieten des Kontinents. In Israel haben Kolleg*innen vor ein, zwei Jahren begonnen, mit Kolkraben zu arbeiten. Gerade sind sie dabei, die Tiere zu besendern. Ein Besuch demnächst ist bereits geplant.

Neben dieser ersten Möglichkeit, Verhaltensunterschiede und Gemeinsamkeiten anhand transnationaler Vergleiche zu ergründen, gibt es noch eine zweite auf der Hand liegende Methode, die Raben darauf zu testen: Dafür eignen sich unsere Raben hervorragend – wenngleich dafür ein, nun ja, vielleicht außergewöhnliches Studiendesign nötig ist.

Wir haben uns nämlich einen neuen Raubfeind der Raben ausgedacht, um damit eine artifizielle, von uns gesteuerte Tradition zu etablieren. Es handelt sich dabei um einen Menschen, der mit einer bestimmten Maske – Mann mit Scheitel und dunklen Haaren – in Poncho und Gummistiefeln vor unseren Volieren-Raben am Haidlhof auftritt. Dieser Maskenmensch hält dabei einen toten Raben in der Hand. Der tote Rabe stammt übrigens von der lokalen Nichtbrütergruppe in Grünau und wurde von den Wölfen im Wildpark erwischt.

Christian Blum startete das erste Experiment dazu bereits im Rahmen seiner Masterarbeit vor zehn Jahren. Im Versuch trat der „böse" Maskenmensch vier Mal mit dem toten Raben auf, jeweils einmal pro Woche. Dazwischen konfrontierten wir die Raben genauso oft mit diesem „bösen" Maskenmenschen, jedoch ohne den toten Raben, und, zum Vergleich, mit einem weiteren „neutralen" Maskenmenschen. Es handelte sich um einen Mann mit Scheitel, aber blonden Haaren, der nie einen toten Raben trug. Und tatsächlich: Alle Raben – und genauso unsere Krähen – lernten schnell, die beiden maskierten Personen zu unterscheiden, und riefen intensiv Alarm beim „bösen" Menschen. Wir wissen, dass sie wirklich die Masken unterschieden und nicht die Personen, die als Experimentatoren fungierten, denn wir baten unterschiedliche Leute, den „Bösen" zu spielen.

Als Nächstes untersuchten wir, wie lange sich die Raben den „bösen" Maskenmenschen merken. Also organisierte Christian, dass mindestens ein Mal pro Jahr die beiden Maskenmenschen – immer ohne toten Raben – bei den Volieren am Haidlhof vorbeischauten. Die Ergebnisse waren verblüffend: Bis sechs Jahre nach der ersten Begegnung können wir statistisch nachweisen, dass eine Erinnerung vorhanden ist – wahrscheinlich sogar länger, aber mit der Zeit kamen uns die Testvögel abhanden. Sie waren nach Grünau, Schönbrunn oder zu anderen Kollaborationspartnern übersiedelt worden und standen uns nicht mehr am Haidlhof zur Verfügung.

In der Zwischenzeit kamen einige andere Raben und Krähen zum Haidlhof. Sie konnten die verbliebenen Altvögel mehrmals beim Alarmieren beim Anblick des „bösen" Maskenmenschen beobachten. Und auch sie machten fleißig beim Alarmieren mit. Unterscheiden, ob es sich um den „bösen" oder den „neutralen" Maskenmenschen handelt, können sie allerdings nicht!

Vor Kurzem haben wir damit begonnen, einige Raben wieder auf den „bösen" Maskenmenschen zu trainieren. Zunächst trat er einmal mit einem toten Raben auf, als unsere Brutpaare Junge im Nest hatten. Die Reaktion der Elternvögel war eindeutig – der Anblick des Maskenmenschen löste intensives Alarmgeschrei aus. In einem nächsten Schritt konfrontierten wir die Eltern mit dem Maskenmenschen, nachdem die Jungen flügge waren. Die Reaktion war dieselbe. Nun haben wir die Möglichkeit zu testen, ob und was die Jungraben von ihren Eltern gelernt haben. Tritt der Maskenmensch im kommenden Herbst – ohne toten Raben – bei einer Gruppe von Jungtieren auf, von denen einige ihre Eltern beim Alarmieren beobachten konnten, würden wir erwarten, dass genau diese Junge ebenfalls anfangen, auf die maskierte Person zu schimpfen. Haben die Jungraben von ihren Eltern gelernt, dass diese Figur „böse“ ist, könnten wir eine generationsübergreifende Informationsweitergabe nachweisen. Und falls ja, stellt sich als nächste Frage, ob die anderen, versuchsnaiven Jungraben ihnen dieses erlernte Wissen auch abnehmen.

Wir kreieren also eine räbische Tradition, um mehr über die Informationsweitergabe der Raben herauszufinden. Wenn wir dabei auf manche unserer menschlichen Traditionen blicken: Wer weiß, wem wir beim Erfüllen einer solchen schon auf den Leim gegangen sind ...

9

Eine Frage der Persönlichkeit

Freundschaften, Intrigenspiele und Soap-Operas: Soziale Rollen und individuelle Eigenschaften

Jeder ist sein eigener Mensch. So charakteristisch unser Aussehen, insbesondere unsere Gesichter sind, so individuell verschieden sind wir auch als Persönlichkeiten. Der eine ist sehr kommunikativ und überall dabei, die andere eher zurückhaltend und ruhig. Viele von uns schreiben eine solche „Persönlichkeit" auch ihrem Haustier zu. Wenngleich wir uns mit ihnen nicht mit Worten verständigen können: Wir kennen sie. Wir können sie – eigentlich: ihr Verhalten – lesen. Aber wie ist das mit Wildtieren? Sind auch sie Persönlichkeiten?

Für „meine" Raben kann ich das – aus meiner jahrzehntelangen Arbeit mit ihnen – definitiv bejahen. Dieses Buch und auch meine Arbeit als Rabenforscher begann mit Hugin und Munin, zwei Rabenbrüdern aus der ersten handaufgezogenen Kohorte. Alle Begleitumstände waren für die beiden gleich; auch die Ziehmutter, Gudrun Kabicher, behandelte sie in gleicher Art und Weise. Das ist wichtig, denn unsere neuesten Forschungen an Rabenfamilien zeigen, dass die Eltern eines der Küken gegenüber den anderen bevorzugen können.

Wir hatten damals, 1995, insgesamt acht Raben bei uns – bei allen handelte es sich um genetische Geschwister aus dem Tiergarten Schönbrunn. Das erste Gelege des dortigen Paares hatten wir herausgenommen, um die Jungen handaufzuziehen. Dann folgte in derselben Saison ein zweites Gelege mit elternaufgezogenen Küken. Nach wenigen Monaten übersiedelten dann alle Jungtiere nach Grünau, wo sie im Herbst in die neu errichtete Rabenvoliere im Cumberland-Wildpark einziehen konnten. Diese erste Großvoliere – in dieser Dimension für Raben damals einzigartig – besteht aus zwei voneinander trennbaren Einheiten. Fürs Erste bezog die handaufgezogene Geschwistergruppe den linken Teil, die von den Eltern aufgezogenen Geschwister den rechten Teil.

Auffällig war, dass die vier handaufgezogenen Geschwister – Hugin, Munin, Wota und Kaflunk – ein enges, aber ausgeglichenes Verhältnis zueinander hatten, d. h. jeder spielte mit jedem. Bei den von den Eltern aufgezogenen Tieren war das weniger der Fall; hier kristallisierte sich rasch ein Zweierbündnis der Brüder Morgan und Ninian heraus. Dies konnte damals natürlich an allen möglichen Faktoren liegen: an Unterschieden in der Aufzucht, frühkindlichen Erfahrungen, dem Geschlechterverhältnis (2 Männchen / 2 Weibchen vs. 4 Männchen / 1 Weibchen) usw. Heute wissen wir aber, dass handaufgezogene Raben in ihrer Jugendphase typischerweise mehrere, aber weniger intensive Beziehungen eingehen als elternaufgezogene Raben. Insofern passte unsere erste Kohorte perfekt ins Bild.

Die Spannung stieg, als wir nach einer Eingewöhnungsphase die Verbindungstüren aufmachten. Was würde passieren? Anfangs waren alle Raben relativ nett zueinander. Doch nach und nach begannen Hugin und Munin sich einen nach dem anderen aus der zweiten Gruppe vorzuknöpfen. Obwohl die anderen ihre genetischen Geschwister waren, verprügelten sie einen nach dem anderen regelrecht. Sie arbeiteten sich die Ranghierarchie hinauf, bis sie schließlich auf das dominanteste Männchen, Morgan, losgingen – und zwar so heftig, dass wir eingreifen und die Streithähne trennen mussten! Auch die Schwestern halfen dabei mit – oft gingen alle vier auf einen los, wie bei Morgan. Sie halfen also tatkräftig zusammen beim Verprügeln. Das ist weder ein Einzelfall noch ein Volierenartefakt – also eine Besonderheit aufgrund der Bedingungen in der Haltung und der begrenzten Platzverhältnisse. Freifliegende Raben machen das Gleiche: Wenn enge Freundschaften erst einmal geschlossen sind, geht es häufig auch gemeinsam oder in kleinen Gruppen gegen einzelne andere Raben.

Worauf ich hinauswill: Hugin und Munin arbeiteten exzellent zusammen, um sich rangmäßig durchzusetzen. Interessanterweise waren sie dabei aber komplett unterschiedlich. Munin war stark und in körperlichen Auseinandersetzungen entsprechend durchsetzungskräftig; Hugin hingegen war der Clevere, Flinke, mit dem Motto: „Ich bin überall und lasse dir keine Ruh." Zwei Brüder also mit sehr unterschiedlichen „Persönlichkeiten". Und dieses Bild zog sich weiter, durch alle Nichtbrütergruppen in unseren Volieren: Immer und immer wieder besaßen ausgerechnet jene Individuen, die besonders eng zusammenarbeiteten, unterschiedliche Charaktere.

2012 versuchten wir dann erstmals, solche Zusammenhänge zu messen: Wir berechneten zunächst die sozialen Netzwerke unserer damaligen Nichtbrüter-Raben in der Voliere. Ein Netzwerk ist dabei nichts anderes als eine Abbildung aller dyadischen – zwischenräbischen – Interaktionen. Wir können so zum Beispiel zeigen, wer wie „wichtig“ in der Gruppe ist, indem wir die Anzahl der Interaktionspartner ermitteln. Außerdem zeigen die Netzwerke, von wem die Interaktionen ausgehen und wie mehrere Individuen – etwa Geschwister – zusammenhängen. Wir berechneten sowohl ein Netzwerk für agonistische (feindlich gesinnte) als auch für affiliative (freundschaftliche) Interaktionen. Wie erwartet zeigten sich dabei Kleingruppen von eng(er) verbundenen Individuen, oft handelte es sich um Geschwister.

Interessanterweise waren die Werte bei Brüdern, die einen hohen Rang in der Dominanzhierarchie einnahmen, entweder im agonistischen oder im affiliativen Netzwerk recht hoch. Ein Beispiel dafür war die enge Beziehung der Brüder Tom und Laggie. Letzterer wurde von unserer schottischen Dissertantin Rachael Miller benannt; der Name entspricht der Kurzform für einen schottischen Whisky. Tom und Laggie steckten praktisch immer zusammen. Tom war dabei der positive, Laggie eher der aggressive Netzwerker, der regelmäßig austeilte – gemeinsam standen sie auf diese Weise hoch in der Hierarchie. Ihre Allianz funktionierte dabei quasi nach dem Schema „Good cop, bad cop“, einer psychologischen Taktik, bei der zwei Personen zum Beispiel beim Verhandeln unter einer Decke stecken und das Gegenüber mittels unterschiedlicher Signale zu ihren Gunsten beeinflussen wollen. Ich glaube jedoch nicht, dass Tom und Laggie sich dabei einer Strategie bewusst waren. Sie verhielten sich einfach entsprechend ihren unterschiedlichen Neigungen.

Wie alle handaufgezogenen Raben sind auch Laggie und Tom in der Voliere geblieben. Tom ist heute mit Heidi verpaart und in der Rabenvoliere im Wildpark beheimatet. Die beiden sind eines unserer besten Brutpaare, die bereits seit mehr als fünf Jahren regelmäßig für Nachwuchs sorgen. Sie kommen recht gut mit Besuchern zurecht, das heißt: Sie können auch Ansammlungen von Leuten ganz gut ignorieren. Dies zeigt sich unter anderem daran, dass Tom typischerweise auf meinen Zuruf ans Gitter kommt und mit mir „Tauschen" spielt, auch wenn viele Besucher*innen vor dem Gehege stehen. Tom kommt auch bereitwillig auf den Arm oder die Schulter, um sich ein Leckerli zu holen oder einfach nur bei uns zu sein. Allerdings: Wenn Tom und Heidi Junge haben und es kommt jemand Unbekannter, z. B. ein*e Jungwissenschaftler*in zum Testen, in die Voliere, kann es schon vorkommen, dass Tom auf diese Person zufliegt und ihr klarmacht, besser zu verschwinden. Er pickt einen dann zum Beispiel am Knöchel oder fliegt von hinten kommend auf den Rücken, um darauf aufmerksam zu machen: „He, das ist mein Wohnzimmer!" Deshalb versuchen wir nun, Besuche in der Brutzeit zu vermeiden. Das haben wir definitiv von Tom gelernt: Wenn Raben mit Menschen gut zurechtkommen, haben sie kein Problem damit, uns Menschen auch einmal zu sagen, was ihnen nicht passt.

Das könnte man auch als typisch für Rabenpersönlichkeiten bezeichnen: Wenn sie – wie Tom – aufgeschlossen und kontaktfreudig sind, dann sind sie es sowohl anderen Raben als auch Menschen gegenüber. Gleichzeitig stellt sich aber wieder die Frage, ob derartige individuelle Unterschiede nun tatsächlich zum Persönlichkeitsprofil eines Rabens gehören oder eher jener sozialen Rolle entsprechen, die der Rabe gerade einnimmt.

Nehmen wir dazu zwei weitere Raben in den Blick: Astrid – die Sie schon vom Beginn des Buches kennen – und Joey. Sie sind beide 2010 geschlüpft. Obwohl wir am Haidlhof eigentlich nur elternaufgezogene Raben hatten, haben wir damals durch Zufall die beiden bekommen. Sie sind einzeln handaufgezogen worden, Joey als Wildfang von einem Försterehepaar, Astrid in einem Zoo. Wir versuchten, die zwei schnell in die eben erst formierte Nichtbrütergruppe zu integrieren. Das funktionierte aber nicht sofort, sie wurden von den anderen Raben drangsaliert. Daher haben wir sie über den Winter abgetrennt, aber in Sichtweite der großen Gruppe gehalten. Im Frühjahr gesellten wir ihnen dann noch das jungerwachsene Weibchen Mojo hinzu. So konnten sie Erfahrung sammeln und voneinander lernen, wie man als Rabe mit anderen Raben umgeht.

Im darauffolgenden Jahr funktionierte es für die beiden dann auch in der gesamten Gruppe gut. Astrid zeigte sich sogar höchst sozial-kompetent: In kürzester Zeit war sie gut vernetzt und angelte sich das ranghöchste Männchen der Gruppe, Thor, als Paarpartner. Die beiden wurden zu einem der ersten Brutpaare am Haidlhof. Wenn wir Astrid außerhalb der Brutzeit hin und wieder in die Nichtbrütergruppe ließen, benahmen sich die anderen, als würde die Königin einherschreiten.

Dann aber hatte Astrid gleich zwei Mal Pech mit ihrem Partner: Der erste, Thor, entkam während ihrer zweiten Brut nach einer Auseinandersetzung mit wildlebenden Raben. Thor zwängte sich dabei durch ein Loch in der Decke und verfolgte die Störenfriede, kam aber von diesem „Ausflug" leider nicht mehr zurück. Der zweite, Horst, wurde zu ihrem Langzeitpartner, verstarb aber vergangenes Jahr leider an einer Krankheit. Wir versuchten, Astrid wieder in die Nichtbrütergruppe zu integrieren, während sie unter dem Verlust von Horst sehr zu leiden schien. Nicht gerade hilfreich war das Verhalten der anderen Raben, die ihr unmissverständlich zeigten, dass sie ihr Ansehen verloren hatte. Rasch war sie die Letzte in der Rangordnung.

Andererseits war sie plötzlich besonders ambitioniert in der Zusammenarbeit mit uns Wissenschaftler*innen. Sie war immer die Erste, die an Versuchen teilnehmen wollte. Das erscheint mir ebenfalls typisch: Wenn es den Raben in einem Bereich schlecht geht, dann versuchen sie das in einem anderen zu kompensieren. Astrid nutzte dafür ihre Beziehung zu uns. Und das schien ihr zu helfen. Denn, siehe da, bei meinem letzten Haidlhof-Besuch war ich sehr überrascht: Während sie sich zuletzt hauptsächlich in einem Bereich weiter hinten in der Voliere aufgehalten hatte, kam sie diesmal plötzlich zu mir ans Gitter vor, rief mir das für sie typische „mau-mau" zu und ließ sich kraulen! Daria Nagel, meine angehende Dissertantin vor Ort, bestätigte mir, dass Astrid gerade mit ihrem „sozialen Revival" beginnt.

Joey ist wiederum ganz anders als Astrid, hat aber auch eine weniger wechselvolle Lebensgeschichte: Sie kann zwar sehr nett sein, aber immer nur zu ganz bestimmten Individuen, ob Mensch oder Rabe. Ich würde sie daher nicht gerade als „soziales Talent" bezeichnen. Astrid war imstande, trotz ihrer Handaufzucht, ein soziales Netzwerk aufzubauen und dieses auch neben ihren Partnerschaften aufrechtzuerhalten. Joey galt hingegen immer als die kleine, von Hand aufgezogene und verzogene Räbin. Sehr menschenfixiert, „verliebte" sie sich zuerst tatsächlich in meinen damaligen Dissertanten Alexandru Munteanu und zeigte ihm gegenüber sogar sexuelle Signale – konkret die Aufforderung zu kopulieren, was wir sonst bei keinem einzigen unserer Raben gegenüber Menschen beobachten konnten.

Sie brauchte lange, um sich auf Raben umzustellen. Aber dann verpaarte sie sich mit Rocky, der aus der Auffangstation Haringsee zu uns kam. Rocky ist auch ein wenig „schräg" und hatte wohl ein ähnliches Schicksal wie Joey. Mittlerweile bezeichnen wir die beiden als „Dream-Team": Sie passen gut zueinander, brüten regelmäßig und sind sehr fürsorgliche Eltern. Für uns Wissenschaftler*innen sind sie in der Zusammenarbeit nicht immer einfach, weil sie ihre Eigenheiten haben und uns auch recht schnell mitteilen: So nicht!

Wir dürfen bei aller Plakativität und Schlüssigkeit solcher Anekdoten eine Frage nicht unterschätzen: Was sind Persönlichkeitsmerkmale und welches Verhalten ergibt sich rein zufällig oder aufgrund der entsprechenden sozialen oder ökologischen Umstände, mit denen Raben konfrontiert sind? Bestätigt hat sich bereits, dass die individuellen Unterschiede, die wir erkennen, konsistent auftreten und keine bloßen Volierenartefakte sind – denn sie kommen auch bei freifliegenden Raben vor.

Nach diesen Einblicken in die Biografien unserer Raben ist wohl kaum überraschend, dass die Studierenden einander oft regelrechte Soap-Operas über die Tiere erzählen. Da ist der „Draufgänger" Ginza, dem wieder einmal als Erstem etwas gelingt; die „nette" Rory, die ihren Partner Regulus an eine andere Räbin verloren hat; der „intrigante" T-Rex, der eine sich anbahnende Liaison verhindert. Beim Lagerfeuer, bei einem Glas Wein oder Bier ist das in Ordnung. Aber unsere Forschung darf selbstverständlich nicht allein auf solchen Zuschreibungen beruhen. Wir müssen diese Eindrücke auch bestätigen und dabei aufpassen, nicht zu viel in bestimmte Individuen hineinzuinterpretieren – das gehört zur wissenschaftlichen Professionalität einfach dazu.

Ginza, einer der Draufgänger unter den Jungraben.

Um einer möglichen (unbewussten) Beeinflussung zuvorzukommen, setzen wir etwa auf ein standardisiertes Protokoll und ebensolche Aufnahmetechniken, die uns einen Reliabilitätscheck erlauben und die wissenschaftliche Zuverlässigkeit sichern. Bei der sogenannten „inter-observer reliability"-Analyse werden dieselben Beobachtungen von verschiedenen Personen vorgenommen und dann miteinander verglichen. Da wir diese Checks vor allem mit Neuankömmlingen in meiner Arbeitsgruppe machen, die noch kaum Erfahrung mit den individuellen Charakteren der Raben gemacht haben, können wir so gleich auch feststellen, ob die „eingesessenen" Wissenschaftler*innen Präferenzen für bestimmten Individuen entwickelt haben. Zudem werden aufgezeichnete Videos meist von Mitarbeiter*innen ausgewertet, die nicht wissen, worum es beim jeweiligen Experiment ging bzw. die Tiere nicht kennen; sie sind somit „blind" gegenüber der Hypothese bzw. gegenüber den Raben-Charakteren.

Wenn ich von Raben-Charakteren spreche, meine ich damit die Gesamtheit an Komponenten, die die Unterschiede zwischen den Individuen erklären können. Hierzu zählen Persönlichkeit genauso wie soziale Rolle oder Geschlechterrollen. Wobei Letztere bei den Raben gering ausgeprägt sind – die Weibchen sind grundsätzlich gleichberechtigt. Dass die Geschlechterunterschiede gering sind, ist übrigens typisch für Arten, die in Langzeit-Monogamie leben.

Die „Big Five" der Raben

Vielleicht haben auch Sie schon einmal einen Persönlichkeitstest gemacht, der sich auf die „Big Five" bezog, auf das Modell der fünf großen Persönlichkeitsmerkmale. Dabei handelt es sich um: Offenheit für Erfahrungen, Offenheit für andere Menschen (Geselligkeit), Gewissenhaftigkeit, Verträglichkeit und emotionale Labilität. Man kann sie sich als Achsen vorstellen, auf denen abgebildet werden kann, wie sehr jemandes Charakter der jeweiligen Eigenschaft entspricht. Damit lässt sich erklären, dass bzw. warum jemand beispielsweise eine Neigung hat, sich in gewissen Situationen nach stets ähnlichem Muster zu verhalten – etwa nervös wird oder aber völlig gelassen bleibt, wenn eine unerwartete Situation eintritt.

Menschen legt man typischerweise einen Fragebogen vor, um herauszufinden, wie stark ausgeprägt jeder der fünf Züge bei der betreffenden Person ist. Auch bei Tieren wird die Fragebogenmethode manchmal angewandt. Hier sind es dann Personen, die die entsprechenden Tiere gut kennen, und ihre Persönlichkeit – aus menschlicher Sicht – einschätzen. Wesentlich aufwendiger ist es, Verhaltensstudien – vorzugsweise Experimente – durchzuführen, um die Persönlichkeitseigenschaften von Tieren zu eruieren. Dabei werden dieselben Tiere wiederholt mit bestimmten Problemstellungen konfrontiert, etwa neuem Futter oder riskanten Situationen beim Fressen, etwa einer Plastikschlange neben dem Futter. Gemessen wird dann, wie lange sie brauchen, um neues Futter anzunehmen, oder ob sie sich trauen, neben der Plastikschlange zu fressen.

Mit derlei Tests erkennen wir bei Tieren Muster, die den menschlichen sehr ähnlich sind: Verschiedene Individuen verhalten sich unterschiedlich, selbst wenn sie unter den gleichen Bedingungen getestet werden. Typischerweise gehen wir Wissenschaftler*innen mit dieser Variation zwischen Individuen um, indem wir einen Durchschnitt berechnen; diejenigen Individuen, die so gar nicht diesem Durchschnitt entsprechen, werden als „statistisches Rauschen" angesehen. Allerdings kann sich zeigen: Es sind immer die gleichen Individuen, die über oder unter dem Durchschnitt liegen, und zwar auch als konsistentes Muster über die Zeit!

Das bedeutet: Wenn ich mir heute etwas zutraue, traue ich mir auch übermorgen oder in verschiedenen anderen Situationen etwas zu. Wage ich es, etwas Unbekanntes zu essen, traue ich mich auch eher, ein gefährliches Tier zu streicheln oder ein besonders schnelles Auto zu fahren. Diese Persönlichkeitsmuster finden wir auch in unterschiedlichsten Tierarten

– von Insekten über Kraken bis zu den Vertebraten, also Wirbeltieren, in Fischen und Fröschen genauso wie in Säugetieren und Vögeln. Diese Züge haben dabei nicht unmittelbar mit Kognition zu tun, es sind individuell konsistente Neigungen, sich auf bestimmte Art und Weise zu verhalten.

Entsprechend der „Big Five" der Menschen hat eine Gruppe von kanadischen Kollegen unter der Leitung von Denis Réale die „Big Five" bei Tieren definiert. Die individuellen Achsen verlaufen hier entlang folgender Eigenschaften:

→ 1. Mutig – zurückhaltend (bold – shy): Wie forsch ist das Individuum in einer Risikosituation, wenn ein Feind oder eine andere Gefahr droht?

→ 2. Erkundend – vermeidend (exploration – avoidance): Wie geht das Individuum auf Neues zu?

→ 3. Aktiv – nicht aktiv (activity): Wie aktiv ist das Individuum generell? Beschäftigt es sich häufig selbstständig oder ist es eher phlegmatisch?

→ 4. Sozial geschickt – sozial ungeschickt (sociability): Wie häufig ist das Individuum allein / schließt es sich anderen an? Wie gut kommt es mit anderen zurecht?

→ 5. Aggressiv – nicht aggressiv (aggressiveness): Wie stark setzt das Individuum in Auseinandersetzungen auf Aggression?

Aus den unterschiedlichen Kombinationen dieser fünf Faktoren ergibt sich nach dem Abtesten das individuelle Persönlichkeitsprofil. In der praktischen Umsetzung konzentriert man sich in der Forschung derzeit allerdings auf einige ausgewählte Achsen, und zwar auf diejenigen, die leicht und eindeutig abzufragen sind. Das Explorations-Vermeidungsverhalten etwa lässt sich wunderbar anhand eines unbekannten Objektes abtesten, das ins Gehege gebracht wird.

Zur Persönlichkeit von Raben gibt es zig Anekdoten. Jede und jeder, die und der über einen längeren Zeitraum mit ihnen zusammengearbeitet hat, weiß Geschichten zu erzählen – das habe ich am Beginn dieses Kapitels ja auch gemacht. Die Anekdoten zeigen, dass sich einzelne Tiere in unterschiedlichen Kontexten nach dem gleichen Muster verhalten. Daher waren wir davon überzeugt, dass sich die Persönlichkeitsmuster auch recht einfach wissenschaftlich-empirisch belegen lassen. Unsere ersten Versuche, Persönlichkeitseigenschaften der Raben nachzuweisen, stellten sich aber doch als eine schwierigere Übung dar, als gedacht ...

Es begann vor zehn Jahren mit den Tests von Rachel Miller, die sich sehr für Persönlichkeitseffekte bei der Informationsweitergabe interessierte und bei meiner Kollegin Christine Schwab und mir dissertierte: Sie testete zwölf Raben und zwölf Krähen mehrfach entlang der Exploration-Vermeidungsachse. In Einzeltests konfrontierte sie die Tiere mit neuen Objekten. Doch überraschenderweise ergaben die Tests keine Konsistenz. An einem Tag war ein Rabe explorativ, am nächsten wieder nicht. Auch insgesamt bekamen wir – weder bei Raben noch bei Krähen – in den ersten zwei Jahren keine konsistenten Muster, wenn wir die Tiere individuell testeten. In der Gruppe hingegen schon! Denn Rachel präsentierte den Vögeln neue Objekte nicht nur im Einzeltest – wie generell üblich –, sondern auch in kleinen oder größeren Gruppen. Sobald mehrere Tiere zusammen explorieren durften, zeigten sie „individuell konsistente" Muster –

einer war immer der Erste, ein anderer immer der Letzte. Was konnte der Grund für diesen Unterschied zwischen Einzeltests und Gruppentests sein?

Ich muss gestehen, wir alle waren von den Ergebnissen zunächst ziemlich frustriert. Die Gruppentests entsprachen zwar unseren unzähligen Beobachtungen, dass bestimmte Raben bestimmte Rollen übernehmen – einige gehen aktiv an das Problem heran, andere halten sich vorerst zurück; mit Persönlichkeit hatte dies aber scheinbar wenig zu tun, denn sonst müssten die Tiere auch im Einzeltest entsprechende Tendenzen zeigen. Ich war daher eine Zeit lang hochgradig skeptisch, wenn es um das Thema „Persönlichkeit“ ging. Allerdings beschäftigte sich Vedrana Slipogor, eine weitere Dissertantin von mir, auch mit der Persönlichkeit von Tieren, und zwar bei Weißbüschelaffen, einer kleinen südamerikanischen Krallenaffenart, die wir bei uns an der Uni Wien erforschen. Bei Vedranas Äffchen funktionierten die Persönlichkeitstests super. Woran haperte es, dass wir es bei Raben und Krähen nicht messen konnten? Ich kam zum Schluss, dass bei den Vögeln möglicherweise die Individualentwicklung noch nicht abgeschlossen war oder die Stichprobe zu klein gewesen sein musste, um aussagekräftige Ergebnisse auch im Einzeltest zu erhalten.

Als dann vor zwei Jahren die Wölfe und Bären ihr neues Gehege im Cumberland-Wildpark bezogen, wollten die Tierpfleger*innen die Wölfe darauf trainieren, in einen kleinen Gehegeteil hineinzugehen – um sie bei Bedarf dort einzeln füttern oder medizinisch behandeln zu können. Das Problem: Die Wölfe wagten sich kaum in den abgetrennten Raum hinein. Wer labte sich stattdessen am ausgelegten Fleisch? Unsere Raben! Doch dies war sehr gefährlich für sie. Traute sich ein Wolf doch herein, gab es fast keine Fluchtmöglichkeit für die Vögel! Damit hatten wir eine quasiexperimentelle Situation, um auf die „bold-shy"-Achse der Persönlichkeit zu testen – was Janina Weißenborn, eine Gaststudentin aus Bielefeld, in ihrer Masterarbeit auch machte.

Und siehe da: Bei den Individuen, die sich hineintrauten, fanden wir tatsächlich ein konsistentes Muster. Plötzlich hatten wir Werte, die dem Persönlichkeitskonzept entsprachen, obwohl es sich wieder um eine kleine Stichprobe handelte. Aber offenbar war diesmal der Stimulus stark genug: Es musste sich um wirklich mutige Raben handeln! Wir sind gerade dabei herauszufinden, ob Raben, die sich bei den Wölfen etwas zutrauen, auch in anderen Kontexten „mutig" sind.

Damit wir auch bald das Problem der kleinen Stichprobe bei Einzeltests gelöst haben, wird derzeit mit jedem der Jungraben, die wir für Markierungszwecke fangen, eine Mini-Studie durchgeführt. Dabei bekommen sie in einem Abteil ein bekanntes und ein unbekanntes Objekt vorgesetzt. Möchten sie sich eines davon näher anschauen? Und wenn ja, welches? Oder: Sind sie bereit, sich den angebotenen Leckerbissen nicht nur von einem Ast, sondern auch vom Boden zu holen? Das sind unsere Basis-Tests einer kleinen Charakterstudie. Zum Markieren müssen wir die Tiere sowieso in die Hand nehmen, da ist es auch aus ethischer Sicht nur sinnvoll, ihnen danach noch Zeit zum Rasten zu geben. Diese Rastzeit nutzen wir für unsere Tests. Trauen sie sich das Futter zu nehmen, bekommen sie sogar noch eine Belohnung für ihre Kooperation. Wir rechnen damit, dass wir in Kürze erste Ergebnisse haben werden.

Gespannt wäre ich – mit meinem speziellen Interesse an der Kognition im Hinterkopf – darauf, ob bzw. wie die Persönlichkeiten der Raben mit ihren Lernfähigkeiten gekoppelt sind. Derzeit gibt es folgendes Denkmodell: Auf der einen Seite sind da Individuen, die schnell, aber ungenau lernen und das Gelernte nicht lang im Gedächtnis behalten. Auf der anderen Seite gibt es die Typen, die langsam lernen, es sich dafür aber sehr gut merken. (Wie) passt dieses Modell zu den unterschiedlichen Charakteren der Raben? Laut dem Denkmodell sollte es eine Verbindung zu der „bold-shy"-Achse geben: Mutige Raben würden daher eher schneller lernen als zurückhaltende Raben. Aufgrund der Resultate bei den Weißbüscheläffchen nehme ich zudem an, dass es eine Verbindung mit der Aktivitäts-Achse geben könnte: Wenig aktiv Raben sind womöglich eher langsame, aber gründliche Lerntypen.

Bleibende Eigenschaften: Sind Schnorrer auch gut im „Abschauen"?

Während meiner Zeit in den USA arbeitete ich mit sechs von mir handaufgezogenen und den drei erwachsenen Raben von Bernd Heinrich – darunter auch Noring und Frank, von denen bereits die Rede war. Die Forschungsstation dort bestand aus einem Haus mitten im Wald in Vermont; ich wohnte ein bisschen davon entfernt. Als ich eines Morgens zu den Volieren kam, sahen mich die Studierenden verdutzt an und fragten mich: „Von wo kommst du denn?" – „Na, von zu Hause!", antwortete ich. „Wir haben dich ja aber schon reden gehört!" Die wollen mich wohl ärgern, dachte ich mir und ging nicht weiter darauf ein.

Wenige Tage später arbeitete ich mit den erwachsenen Raben – Noring, der Musterschüler und Älteste im „Kindergarten" der Handaufgezogenen, war nach zwei Minuten mit der Aufgabe fertig. Er stellte seine Federohren auf und stolzierte auf mich zu. Das war seine Art zu sagen: „Was

Raben beim Objektspiel: Arthus und Aramis manipulieren gemeinsam den Kugelschreiber, den Arthus Thomas Bugnyar soeben geklaut hat (oben). Columbo manipuliert ein Spielzeugauto, während sie kopfüber am Netz der Voliere hängt. Sie zeigt hier eine für Raben typische Kombination von Objekt- und Lokomotionsspiel (unten links). Tom bietet Thomas Bugnyar einen Legobaustein an und hofft wohl, dass dieser ihn für ein Leckerli eintauschen wird (unten rechts).

willst du denn eigentlich, ich bin hier der Chef!" Ein typisches Status-Show-off – doch dann begann er urplötzlich „Thomas" zu sprechen und in dieser Nachahmung auf mich einzureden. Das heißt, er imitierte meine Art zu sprechen, meinen Stimmfluss, meine Sprachmelodie, inklusive meinem Akzent! Ich war völlig verblüfft. Wenige Tage davor hatte er das offenbar noch geübt ...

Es gibt viele Rabencharaktere, die mich geprägt haben. Zunächst natürlich Hugin und Munin, dann Noring und meine eigenen Raben. Eigentlich hatte oder habe ich zu allen handaufgezogenen Vögeln ein spezielles Verhältnis. Das ist vielleicht das, was mich am stärksten an den Raben beeindruckt – ihr individueller Charakter.

Ein Gegenpart zu Noring war in meiner USA-Zeit Frank: Er musste immer alles anders machen als die anderen, was zum Teil gefährlich war. „Wenn du bei einer Wolfsfütterung mitmachen könntest, wärst du der Erste, der gefressen wird", dachte ich mir bei ihm immer wieder. Dennoch: Wenn man seine Eigenheiten kannte und ein bisschen darauf Rücksicht nahm, konnte man mit Frank wunderbar arbeiten. In der Gruppe gab es auch noch zwei eng kooperierende Brüder, Al und John. Was Noring als Chef überhaupt nicht leiden konnte, war, wenn er ihnen etwas untersagt hatte und die zwei dann aus Frust auf den schwächeren Frank losgingen. Dann verteidigte Noring Frank und wies die beiden Raufbolde in ihre Schranken. Diese Vorgehensweise lernte wiederum Frank irgendwann für sich zu nutzen – und hatte seitdem mit Noring einen unerwarteten Allianzpartner. Frank hatte nun gegenüber Al und John Narrenfreiheit – solange Noring in der Nähe war. Dann gab es da aber auch Freya, die Schwester von Frank, der freundlichste und gescheiteste Rabe, an den ich mich erinnern kann. Sie war in ihrem Jahrgang zwar die Jüngste und Kleinste, aber trotzdem am schnellsten mit allen Aufgaben durch, die wir ihr stellten.

Diese Anekdoten zeigen, für wie komplex wir eine Persönlichkeit halten müssen: Diese in ein paar Faktoren zu packen und sie entlang der „Big Five" zu „messen", ist wohl nicht immer so einfach möglich – das ist beim Menschen ja auch nicht anders. Wir diskutieren das immer wieder: Wie flexibel, wie plastisch bist du als Persönlichkeit in deinem Verhalten? Wie schnell nimmst du in unterschiedlichen sozialen Situationen auch unterschiedliche Rollen ein?

Eine Verbindung zur Persönlichkeit, die bisher wenig Beachtung gefunden hat, könnte auch die Art des Lernverhaltens sein: Lernst du individuell oder lernst du sozial? Bestimmte Persönlichkeitstypen sind vielleicht eher bereit, selbst etwas herauszufinden; andere wiederum sind eher darauf eingestellt, sich etwas zeigen zu lassen. Vielleicht lässt sich hier über unterschiedliche Kontexte hinweg eine Parallele ziehen. Eine Vermutung ist, dass die erwähnten „Schnorrer", die – ohne jegliche negative Konnotation – so schlau sind, die Verstecke anderer zu plündern, auch besser im Umgang mit sozialer Information sind als Raben, die leicht selbst an Futter kommen können. Soziales Lernen heißt schließlich Lernen durch Zuschauen. Im Prinzip ist das nichts anderes als Schnorren, bloß geht es dabei nicht um den Zugang zur Nahrung, sondern um Zugang zur Information. Durch Beobachtung kann man sich schließlich das Lernen durch Versuch und Irrtum ersparen!

Vedrana Slipogor hat bei freilebenden Weißbüschelaffen die ersten Versuche in diese Richtung beendet. Wir haben die Äffchen dabei vor die Wahl gestellt, an einer Box mit Futter selbst herumzuhantieren oder aber sich davor ein Video anzuschauen, in dem ein Artgenosse die Öffnungsweise demonstriert. Von allen an der Studie beteiligten Äffchen kannte Vedrana bereits die Persönlichkeitsprofile. Nun analysiert sie, ob „Draufgänger“ auch auf Versuch-und-Irrtum setzten, Scheue dagegen eher aufs Zuschauen.

Bei den Raben würden wir diese Versuche ebenfalls gerne durchführen. Bis jetzt habe ich es aber nicht geschafft, sie für Videos zu interessieren. Im Grunde liegt es weniger am Interesse, sondern mehr an ihrer Neophobie. Sie sind einfach (noch) skeptisch gegenüber einem Bildschirm, wenn sich darauf Bilder bewegen. Daher müssen wir im Moment noch mit einfacheren Set-ups auskommen.

Silvia Damini untersuchte in ihrer Doktorarbeit, wie Raben untereinander und mit anderen Tierarten interagieren: Wie oft schnorren sie oder stibitzen jemandem etwas? Sie sind Aasfresser, das heißt, sie haben in der Natur immer wieder mit anderen Arten zu tun. Gehen sie also mit unterschiedlichen Arten – den aus ihrer Sicht gefährlichen Wölfen, den weniger gefährlichen Wildschweinen – auch unterschiedlich um?

Interessant wäre außerdem herauszufinden, ob sich unterschiedliche Persönlichkeiten „einmischen“: dass etwa nur die Mutigen versuchen, Wölfe am Schwanz zu ziehen, die Scheuen hingegen auf das Timing achten und sich einen Happen nur schnappen, wenn die Wölfe von den Mutigen abgelenkt sind. Gegensätzliche Persönlichkeiten zu haben könnte somit einen Vorteil bringen! Wir können uns auch vorstellen, dass sie bei den Wölfen außerdem wissen, was sie welchem Individuum zutrauen können. Nehmen sie also auch bei anderen Spezies Rücksicht auf deren unterschiedliche Persönlichkeiten? Können sie ihr Wissen in dem Bezug skalieren, dass sie, was sie über Artgenossen lernen, auch auf andere Tierarten anwenden? Und, noch weiter gedacht: Wie ist das eigentlich mit uns Menschen? Wir sehen täglich bei unserer Forschung, wie unterschiedlich dieselben Raben mit unterschiedlichen Menschen umgehen können. Welche Persönlichkeiten spielen hier mit rein, die der Raben und die der Menschen?

Über tierische Persönlichkeit gibt es noch einiges zu erforschen. Sie müsste doch schließlich über Kontext und Zeit, individuell und in der Gruppe konstant bleiben – oder? Fragen wir uns doch selbst: Ab wann ist eine mutige Offenheit etwas, das in uns drinsteckt? Entwickelt sich so etwas erst im Laufe der Zeit? Und: Passen wir uns im „Ausleben" solcher Charakterzüge an die jeweilige Gruppe, in der wir uns gerade bewegen, und den dort vertretenen Persönlichkeiten an?

10

Was wir von den Raben lernen können

Die Erforschung der Tiere bringt auch neue Erkenntnisse über die Welt der Menschen

Während ich an diesem Buch geschrieben habe, sind mir ein paar Dinge klar geworden, die sonst im wissenschaftlichen Alltagstrubel untergehen. Ich habe zum Beispiel erkannt: Wenn mir jemand sagen würde, dass ich mich wie meine Studienobjekte – die Raben – verhalte, dann ist das eigentlich ganz in Ordnung. Denn man kann durchaus einige Parallelen ziehen:

In meinem Berufsleben wäre ich ein klassischer „regular visitor“. Ich muss an meinen verschiedenen (Forschungs-) Standorten schauen, dass ich jeweils vor Ort meine Beziehun-

←1

←2 ↓3

↑4 ↗5

Forscherkarriere im Zeitraffer: 1. Als Postdoc in den USA mit Zoe, einem seiner handaufgezogenen Raben in Vermont, sowie 2. mit seinem Mentor Bernd Heinrich in dessen Hütte in Maine. 3. Als Rückkehrer nach Österreich und der Möglichkeit, eine langfristige Arbeitsgruppe an der KLF aufzubauen (von links nach rechts: Markus Ühlein, Thomas Bugnyar, Markus Böckle, Josef Hemetsberger, Christian Schlögl, Gast Vittorio Baglione, Georgine Szipl, Kurt Kotrschal, Anna Braun; unten: Gast Daniela Canestrari, Christine Schwab). 4. Als Gründungsmitglied des Departments für Kognitionsbiologie gemeinsam mit Tecumseh Fitch, und 5. als Teil des Doktoratskollegs Kognition & Kommunikation (von links nach rechts: Friederike Range, Sabine Tebbich, Tecumseh Fitch, Claus Lamm, Kurt Kotrschal, Thomas Bugnyar, Walter Hödl, Ludwig Huber, Leonida Fusani, Angela Stöger-Horvath).

gen aufrechterhalte, aber selbst auch die Beziehungen zwischen den Orten herstelle. Das ist nicht gerade trivial, dabei benötige ich Unterstützung, in der Koordination wie in der wissenschaftlichen Arbeit, und muss wissen, wer mir diese Unterstützung geben kann. Ich muss also auch wissen: Wer kann was gut und auf wen kann ich mich verlassen. Ich brauche Mitstreiter*innen mit unterschiedlichen Fähigkeiten und Talenten. Gleichzeitig gibt es auch Expertise, die in meiner Arbeitsgruppe nicht so stark vorhanden ist, die wir uns bei Bedarf von extern dazuholen. In meinem Metier wie bei den Raben geht es darum, auf unterschiedlichen Ebenen vernetzt zu sein.

In meiner Profession spielt außerdem die (menschliche) Fähigkeit der Informationsweitergabe eine wichtige Rolle: ob es sich dabei um den Informationstransport zwischen Studierenden und Lehrenden an den verschiedenen Standorten, unter Fachkolleg*innen, ja sogar jenen zwischen den Raben und mir oder die Vermittlung von Information an die interessierte Öffentlichkeit handelt. Diese Aufgabe wird in der universitären Wissenschaft als „Third Mission", als dritte Mission, neben den beiden Säulen der Forschung und Lehre bezeichnet. Das war und ist für mich auch ein Grund, dieses populärwissenschaftliche Buch zu schreiben: Dieser „Wissenstransfer" liegt mir sehr am Herzen.

Zu Beginn des Buches habe ich schon geschildert, welche (Vor-)Urteile über Raben kursieren: Sie sind überaus klug, gleichzeitig sind sie unheimlich – die mythologische Komponente –, und dann ist da noch das Hitchcock-Klischee: Sie seien Mörder, die Singvögel und Niederwild töten, Kühen und Pferden die Augen rauspicken. Vieles davon sind per se richtige Beobachtungen, aber die Interpretation ist falsch: Ja, Raben fressen gerne Fleisch, sind aber keine Jäger. Nur weil sie die Ersten am Kadaver sind, heißt das nicht, dass sie das Tier getötet haben. Ja, sie nehmen Tieren die Augen raus, aber erst, wenn diese tot sind. Mit ihrem Schnabel würde es ihnen gar nicht gelingen, die Haut von größeren Tieren aufzubrechen; daher versuchen sie es über „natürliche“ Körperöffnungen wie Mund und Augenhöhlen.

Oder denken Sie an das Klischee von den „Rabeneltern“, mit dem man die Elternqualitäten der Tiere herabwürdigen möchte: Ja, die Küken können ungewöhnlich laut werden. Sie schreien aber nicht deshalb so laut, weil die Eltern sie vernachlässigen, sondern weil sie untereinander konkurrieren. Je mehr die Jungen schreien, umso mehr Futter bekommen sie. Raben haben tagsüber keine Nesträuber zu befürchten, sie können deshalb schreien, so laut sie wollen. Anders als kleinere Singvögel, für die gilt: Sei leise, sonst holt dich der Fressfeind. Deshalb betteln diese Arten nur ganz kurz. Die Beobachtung, dass Rabenküken häufig und laut schreien, ist korrekt, aber der Schluss, den wir ziehen, ist – wissenschaftlich betrachtet – völlig falsch. Wenn man Rabenjunge oft betteln hört, dann werden sie von Eltern eben häufiger (und nicht zu wenig!) gefüttert.

Deshalb wollte ich in diesem Buch meinen Zugang als Forscher zum Rabenverhalten darstellen. Konrad Lorenz hat sich schon in den 1930er-Jahren mit handaufgezogenen Kolkraben befasst und die Tiere in Altenberg im Freiflug gehalten: Er hat zahlreiche Anekdoten zu ihnen niedergeschrieben und in seinen Büchern und ersten wissenschaftlichen Papers veröffentlicht. Lorenz’ Stärke war, anhand von Anekdoten größere Theorien zu entwickeln. Raben spielten dabei zwar keine große Rolle, beeindruckt von ihren kognitiven Fähigkeiten war Lorenz aber sehr wohl.

Sein Dissertant Eberhard „Ebo“ Gwinner steuerte dann in den Sechzigerjahren mit handaufgezogenen Raben, die er in großen Volieren und auch teilweise im Freiflug hielt, erste quantifizierte Studien zum Sozialverhalten der Tiere bei. Seine Erkenntnis war: Das räbische Verhalten ist im Vergleich zu dem der meisten anderen Vögeln sehr flexibel. Er sah viele Dinge genauso wie wir heute, bloß die Terminologie und die Konzepte dafür waren noch nicht vorhanden. Gwinner war mit seinen detaillierten Verhaltensstudien seiner Zeit definitiv voraus. Er bildete die Grundlage für alles Weitere.

In den vergangenen paar Jahrzehnten nun hat sich extrem viel getan: Nach Ebo Gwinner kam in den Achtzigerjahren Bernd Heinrich. In seinen exzellenten Beobachtungsstudien an wilden Raben und Experimenten mit originellen Ansätzen (wie etwa Nichtbrüter mit toten Kälbern zu ködern) zeigte er die Komplexität in ihrem Sozialleben auf – und verstand es hervorragend, Raben wissenschaftlich greifbarer und uns allen begreifbarer zu machen.

Zehn Jahre später starteten wir dann in Grünau. Heute gibt es mehrere Forscher*innen, die zum Rabenverhalten arbeiten, wie etwa die schon erwähnten John Marzluff und Matthias Loretto; meine ehemaligen Postdocs Jorg Massen und Palmyre Boucherie haben die Begeisterung für Rabenforschung mit nach Hause in die Niederlande bzw. Frankreich genommen; Mathias Osvath forscht in Schweden und die Forschergruppe um Ran Nathan in Israel. Zudem gibt es ganz tolle Arbeitsgruppen, die sich mit der näheren Verwandtschaft von Kolkraben beschäftigen, v. a. verschiedenen Krähen- und Häherarten.

Gemeinsam haben wir ein wissenschaftliches Konvolut aufgebaut, das wir versuchen, in die Öffentlichkeit zu tragen, um damit die Meinung vieler über Raben und ihre Verwandten neu zu formen und die Dinge zurechtzurücken. Das Narrativ „Raben und Krähen sind gefährlich und sie sind zu viele" ist aus Forschersicht überholt. Aber ich kann nachvollziehen, dass es gerade im städtischen Bereich auch zu Problemen kommen kann. Es gibt etwa Berichte, dass Krähen Spaziergänger attackieren – zunächst wenn diese zu knapp an ihrem Nest vorbeispazieren, später eventuell sogar, wenn sie diese Personen auch woanders sehen. Rund um Gruppenschlafplätze ist es abends und morgens laut, und die Tiere verursachen durch ihre Hinterlassenschaften Verunreinigungen.

Wenn man sich also Managementmaßnahmen überlegen muss, dann plädiere ich dafür, das auf wissenschaftlicher Basis zu tun. Unter „Managementmaßnahmen" versteht man heute oft „Vergrämungen", im ländlichen Raum nicht selten aber auch einfach den Abschuss zur Verringerung der Individuenanzahl. Dazu gibt es in den Bundesländern unterschiedliche Quoten für die häufigeren Rabenvögelarten. Eine fundierte Begründung zu den unterschiedlichen Abschussfreigaben und -zahlen gibt es meines Wissens in keinem Fall.

Mit meiner Forschung möchte ich zu einem Gesinnungswandel beitragen: Wenn wir Wissenschaftler*innen mehr über Raben und Krähen herausfinden und „übersetzen", was sie wahrnehmen, was sie denken, vielleicht auch: was sie fühlen, dann – so bin ich überzeugt – sind wir alle eher bereit, den Tieren mit Respekt zu begegnen. Wir könnten ein stärkeres Bewusstsein für ihre Bedürfnisse entwickeln. Wir könnten uns besser in sie hineinversetzen und so Lösungen finden, die nicht vom Recht des vermeintlich Stärkeren bestimmt sind: Wenn wir sie irgendwo nicht haben wollen, bringen wir sie einfach um.

Ich bin nicht der Erste, der in diese Kerbe schlägt. Es gibt bereits sehr gute Bücher, die wissenschaftliche Erkenntnisse über Rabenvögel zusammenfassen, allerdings hauptsächlich bezogen auf ihre Lebens- und Ernährungsweise. Betreffend Kolkraben möchte ich hierbei auf das Buch „Kolkrabe & Co." von Dieter Glandt verweisen, das jahrelang als Standardwerk im deutschsprachigen Raum galt, sowie das erst kürzlich erschienene Buch „Der Kolkrabe" von Heinrich Haller, das mit seinem außergewöhnlichen Bildmaterial beeindruckt.

Zurück zum Management: Es ist wissenschaftlich belegt, dass Abschüsse nichts bringen. Josef Reichholf fasst dies in seinem Buch „Rabenschwarze Intelligenz" hervorragend zusammen. Studien in Deutschland haben auch ergeben, dass sogar das Ausmerzen aller Rabenvögeln in einem größeren Gebiet zu keinerlei „positiven" Effekten, wie etwa erhöhte Singvogeldichten oder größerer Niederwildbestand, führt. Das legt nahe, dass der „Raubdruck" von Raben und ihren Verwandten oft maßlos überschätzt wird. Zudem sind die fluiden Gruppen der Nichtbrüter, die leicht den Eindruck hinterlassen, es gäbe plötzlich „zu viele" von ihnen, von der Ressourcenverfügbarkeit abhängig. Wenn es nicht viel zu holen gibt, ziehen sie weiter oder lösen sich auf. Daher ist es überhaupt nicht einfach – und übrigens auch nicht nötig –, sie durch Abschüsse einzelner Vögel einzudämmen.

Wenn Abschussmaßnahmen gesetzt werden, betrifft das deshalb häufig territoriale Brutpaare. Das hat allerdings einen kontraproduktiven Effekt: Freie Territorien sind Mangelware und flugs rücken Vögel aus der Nichtbrütergruppe dorthin nach, wo ein Platz frei geworden ist. Dadurch sinkt der Druck der Nichtbrüter auf die territorialen Paare, etwa beim Nahrungserwerb und zur Nestverteidigung, was wiederum zu einem höheren Bruterfolg der Paare führen kann. Durch Abschüsse erreicht man jedenfalls keine Senkung der Rabenvögelanzahl. Das System reguliert sich von allein.

Grundsätzlich ist das alles bekanntes Wissen, aber ich fürchte, dass es selten in Debatten ums Rabenvögel-Management einbezogen wird.

Wenn Rabenvögel an einem Ort wirklich unerwünscht sind, könnten wir in Richtung intelligenter Vergrämungsmaßnahmen gehen. Ich bin hier vielleicht zu blauäugig, aber wir könnten eine Umkehr probieren – weg von „Geht weg!" hin zu „Ich bringe euch bei, dass mir dieses Verhalten nicht passt!". In der Theorie sollte das in den meisten Fällen kein Problem sein. Und Beispiele aus der Praxis gibt es auch schon: Auf einer Insel an der US-Westküste brütet – neben vielen anderen Arten – eine besonders bedrohte Seevogelart. Die Insel befindet sich nahe dem Festland, deshalb kommen dort auch immer wieder Kolkraben vorbei – und fressen unter anderem Eier der Vögel, inklusive der seltenen Art. Abschüsse brachten auch hier nicht den erwünschten Erfolg. Dann dachte man um: Die seltenen Eier wurden nachgemacht, mit Brechmittel vergällt und vor der eigentlichen Brutsaison ausgelegt. Das genügte, um den Raben beizubringen, dass sie diese Eier nicht fressen sollen. Positiver Nebeneffekt: Aufgrund der ausgesetzten Bejagung etablierte sich bald ein territoriales Paar auf der Insel. Die beiden ansässigen Raben hielten sich, wie sie es gelernt hatten, von den Eiern der bedrohten Art fern und vertrieben äußerst effizient andere, durchziehende Raben, die von den „besonderen" Eiern nichts wussten.

Oft reicht es also aus, unser Denken zu ändern – hin zu mehr ökologischer Relevanz. Das ist der Fall, wenn wir eine problematische Konstellation in Ruhe betrachten und uns überlegen: Was passt hier ins System? „Biologisch valide" nennen wir solche Maßnahmen, die ganzheitlicher ansetzen. Dieses Verständnis brauchen wir! Wenn wir wissen, wie die

Vögel ticken, können wir unser Hirn einschalten und uns geeignete Lösungsansätze für die Probleme überlegen, die sie in unseren Augen verursachen. Rabenvögel haben auch leistungsstarke Gehirne. Deshalb probieren sie Dinge aus. Machen wir uns doch das zunutze!

Forschung besser verstehen – und damit einen neuen Blick auf uns und die Welt bekommen

Mit acht Jahren war ich zum ersten Mal in den Sommerferien allein bei meiner Tante in Budapest. Laut Erzählungen meiner Familie fragte sie mich, was ich denn die ganze Woche tun möchte. Ich antwortete, dass ich mich auf den Besuch im Tiergarten freue. Das sei schon eingeplant, meinte meine Tante. Was ich denn an den anderen Tagen machen wolle? Darauf ich: Nichts sonst, ich möchte jeden Tag in den Tiergarten gehen. Und das taten wir auch.

Für mich ist die Verhaltens- und Kognitionsbiologie mein Traumberuf. Ich finde es unheimlich spannend herauszufinden, warum Tiere etwas machen oder wie sie dabei denken. Auch das Detektivische an der Arbeit, das ich in diesem Buch zu beschreiben versucht habe, entspricht mir sehr. Man muss diese Liebe zum Fach haben. Ja, ich könnte mich schon auch für andere biologische Fächer wie Ökologie und Umweltschutz begeistern, aber bei mir ist eben das Interesse am Verhalten am stärksten. Aber nicht nur für mich, sondern, ganz intuitiv, offenbar auch für viele andere Leute scheint das Verhalten von Tieren interessant zu sein. Das macht es uns Verhaltensbiolog*innen leichter – viel leichter als etwa den Kolleg*innen aus der Genetik oder Virologie –, unser Fach den Menschen näherzubringen.

Deshalb möchte ich zum Abschluss versuchen, ein Missverständnis zu klären, das in den vergangenen Jahren der Pandemie um sich gegriffen hat: Wissenschaftler*innen seien sich ja in vielen Fragen selbst unsicher, man könne sich daher auf ihre Diagnosen oder Prognosen nicht verlassen. Mit solchen Urteilen verstehen Kritiker*innen die Wissenschaft (absichtlich?) falsch.

Ich habe in diesem Buch versucht, anhand meiner Arbeit an den Rabenvögeln darzustellen, wie wir als Wissenschaftler*innen – konkret als Verhaltens- und Kognitionsbiolog*innen – arbeiten, wenn wir etwas wissen möchten. Wir beginnen mit einer konkreten Frage, die sich oft aus einer Beobachtung heraus ergibt. Dann folgt die Literaturrecherche, um herauszufinden, was zu diesem Thema bereits bekannt ist. Anschließend erstellen wir eine Hypothese und daraus resultierende Vorhersagen, die dann anhand von erhobenen Daten getestet werden. Wir bekommen auf diese Weise quantifizierbare Muster, die Zusammenhänge von verschiedenen Faktoren zeigen. Für die Kausalität im Zusammenhang (was bedingt was?) braucht es zu guter Letzt noch ein Experiment.

Das heißt: Wir benötigen für die Beantwortung selbst einfacher Fragen Zeit. Noch dazu kommt manchmal nach all diesen Schritten nicht das heraus, was wir erwartet hatten. Das bedeutet, wir müssen zurück an den Start. Dann wird getüftelt und überlegt – welchen Einflussfaktor haben wir noch nicht bedacht? Und schon probieren wir einen neuen Durchgang aus. Oder – auf den konkreten Fall Covid bezogen – eine neue Virusvariante tritt auf, und schon geht es auch wieder zurück an den Start. Die Logik dahinter, das heißt der Weg, wie Wissenschaft funktioniert, ist immer die gleiche.

Eine Lanze für die Grundlagenforschung

Wenn eine Studie klappt, können wir damit ganz konkrete Fragen klären. Allerdings, kaum ist die eine Frage geklärt, ergeben sich daraus folgend schon die nächsten Fragen. So ist es in der Grundlagenforschung, in der es weniger um angewandte Aufgabenstellungen geht, sondern darum, die wissenschaftlichen Grundlagen eines Faches – in meiner Arbeit: die verhaltens- und kognitionsbiologischen – besser zu verstehen. Kennt man die Grundlagen, lassen sich auch bessere angewandte Studien betreiben. In der angewandten Forschung hat man ganz konkrete Ziele oder sogar ein Produkt im Auge; häufig finanzieren Unternehmen solche Studien mit.

Der Vorteil der Grundlagenforschung gegenüber angewandter Forschung ist ihre Offenheit. Es gibt da dieses Zitat: Wenn wir in den letzten zweihundert Jahren ausschließlich angewandte Forschung betrieben hätten, würden wir jetzt hier sitzen mit der besten aller Kerzen – aber ohne elektrisches Licht. Bei der Grundlagenforschung kann immer etwas passieren, womit man überhaupt nicht rechnet. Häufig sind die wirklich bahnbrechenden Ergebnisse – etwa die Erfindung des elektrischen Lichtes oder des Internets – nur Nebenprodukte der eigentlichen Forschungsfrage. Die Anwendbarkeit steht nicht im Vordergrund; der mögliche Nutzen ergibt sich meist später, oft auch nie.

Deshalb ist Grundlagenforschung, im Gegensatz zur angewandten Forschung, nahezu ausschließlich über Steuergelder finanziert. Eine Finanzierung unserer Forschungsprojekte ist daher alles andere als einfach zu bekommen. Alle jungen Kolleg*innen, die sich für Forschung interessieren, sollten das möglichst rasch realisieren! Aber dieses Erkunden der Gegebenheiten und Zusammenhänge unserer

Welt – was nehmen wir und andere Lebewesen wahr, wie sind wir in unsere jeweilige Umgebung eingebettet? – ist die ureigenste Eigenschaft der Wissenschaften. Ich persönlich finde das extrem interessant. Ich habe das Bedürfnis zu wissen.

Wenn jemand fragt, was das der Menschheit bringt, dann antworte ich: Wir generieren sehr viel Wissen, das uns als Spezies unglaublich weit gebracht hat. Wir fliegen zum Mond, wir schicken Roboter zum Mars. Alles, was wir haben, basiert auf diesem Bedürfnis, etwas wissen zu wollen. Das Argument, dass die Grundlagenforschung keinen unmittelbaren Nutzen bringe, ist in unserer Output-fokussierten Zeit schwer zu entkräften. Aber ohne diese Grundlagen wären wir nie so weit gekommen.

Nichtsdestotrotz versuchen wir natürlich, das Wissen, das wir in der Grundlagenforschung generieren, für die Praxis anwendbar zu machen. In Europa sind Rabenvögel die Arten, die man auch als Laie in der Stadt ganz leicht erkennen und beobachten kann. Krähen und Elstern sind die kleinen Cousins der Raben. Auch sie kann man wunderbar beobachten und das ist bereichernd: wenn man bemerkt, dass hinter ihrem Tun ein Zweck steckt. Regt man die Menschen dazu an, lässt sich wunderbar Citizen Science betreiben über die Rabenvögel in der Stadt.

Wir haben das eben erst in Zusammenarbeit mit dem Tiergarten Schönbrunn ausprobiert. Mittels unserer dafür entwickelten App „Kramobil" konnten Besucher*innen ihre Beobachtungen an Krähen über ihre Smartphones in eine Datenbank einspeisen. Wir interessierten uns dabei einerseits dafür, in welchen Arealen im Zoo sich Krähen bevorzugt aufhalten, andererseits für Interaktionen zwischen Krähen und Zootieren. Letztere sind Verhaltensweisen, die nicht häufig vorkommen und daher nur mit großem Zeitaufwand von Studierenden protokolliert werden können. Nicht so aber für die zigtausend Besucher*innen im Zoo. Immer wieder beobachtet hier jemand eine interessante Interaktion. Mittels „Kramobil“ können wir nun auf diesen Erfahrungsschatz zugreifen! Betreffend beide Fragen – Aufenthaltsorte und Interaktionen mit Zootieren – haben wir in den Jahren davor übrigens mehrere Masterarbeiten durchgeführt und auch publiziert; wir können somit die Reliabilität der Daten, die wir über die „Citizen Scientists“ bekommen, gut einordnen. Natürlich müssen wir ein wenig kontrollieren und Einträge bereinigen, aber wir sind äußerst beeindruckt, wie interessiert Besucher*innen sein können und wie viel sie zu der Studie beitragen können. Den Citizen-Science-Ansatz wollen wir in Zukunft noch ausbauen!

Wir planen zudem gerade eine Pilotstudie, für die wilde Krähen in der Stadt lernen sollen, Unrat wie etwa Plastikflaschen zu sammeln und sie bei einem dafür aufgestellten Apparat für ein Leckerli einzutauschen. Entsprechende Apparate sind bereits in verschiedenen Städten in Holland und Schweden im Einsatz – soweit ich weiß, sind sie aber nicht wissenschaftlich begleitet. Mich hat eine holländische Firma kontaktiert, die daraus ein kommerzielles Geschäft machen will. Bei diesem Projekt bin ich beratend tätig – denn Rabenvögel lernen schnell, aber sie lernen auch schnell Blödsinn! Nach der Pilotstudie gemeinsam mit dem Tiergarten Schönbrunn wollen wir eine Art „Beipackzettel“ für den Einsatz solcher Apparate erstellen. Auch aus wissenschaftlicher Sicht ist das Projekt für mich reizvoll: Das betrifft weniger die Trainingsphase, die die Krähen für ihren Einsatz benötigen, sondern mehr die spätere Informationsweitergabe. Inwieweit verbreiten sich diese antrainierten Verhaltensweisen dann unter den Krähen im Zoo?

Auch technologisch könnten wir demnächst einen großen Schritt nach vorne machen: Mithilfe einer digitalen Gesichts- bzw. Körperzeichnungserkennung könnten wir etwa die freifliegenden Rabenvögel eindeutig identifizieren – ohne sie je einfangen und markieren zu müssen. Bei mehrfärbigen Arten wie Nebelkrähen und Elster ist das zweifellos einfacher als bei den einfärbigen Arten wie Kolkraben und Rabenkrähen. In jedem Fall wäre das ein riesiger Fortschritt in Richtung einer völlig nichtinvasiven Forschung, in die ich weiter investieren will. Ich bin noch längst nicht am Ziel.

Rabenvögel generell und Kolkraben speziell sind und bleiben für mich widersprüchlich – und gerade deshalb so faszinierend: Sie sind Wildtiere, die uns als Kulturfolger doch ganz nahe sind. Sie sind Aasfresser und dennoch Feinspitze. Sie sind uns in ihrer Erscheinung einerseits fremd, andererseits sind sie uns in ihrer Lebensweise, in ihrem Sozialsystem so ähnlich. Das alles verleitet uns zu voreiligen Schlüssen, die oft nicht stimmen. Würde sich unsere Meinung von und unsere Einstellung gegenüber Raben und ihrer Verwandtschaft und Tieren ganz allgemein ändern, wenn wir mehr über sie wüssten?

Ich bin davon überzeugt.

Liebe Leser*innen,
wir sagen Danke, dass wir Sie auf Ihrer Lesereise begleiten durften.

Viele weitere Abenteuer, aufregende Geschichten, unverwechselbare Geschenkideen finden Sie auf unserem Abenteuerspielplatz **www.brandstaetterverlag.com**

Bleiben wir in Verbindung! Wir freuen uns auf Ihre Anregungen, Wünsche und Kritiken. **leserbrief@brandstaetterverlag.com**

Christian Brandstätter Verlag GmbH & Co KG
Wickenburggasse 26, 1080 Wien
Tel: +43 1 512 1543-256

ISBN 978-3-7106-0637-3

5. Auflage, 2024

Designed in Austria, printed in Europe

Grafische Gestaltung: Caroline Plank-Bachselten / Buero Blank
Lektorat: Teresa Profanter
Projektmanagement: Judith E. Innerhofer

Bildnachweis: Awani Bapat: 142, 144 (2), 170 (2), 196; Anna Braun: 63; 72/73; 124; Thomas Bugnyar: 13, 18, 19 (2), 34, 40/41, 52, 63, 106, 107, 126, 128, 152 (2), 204 (2), 210 (3), 211 (2); Silvia Damini: 62, 160 (2); Engel73/ Adobe Stock: Vor- und Nachsatz; Gianmaria Gava: 44; Isabelle Grubert: 153 (2); Matthias Loretto: 13; Jorg Massen: 73; Shane McPherson: 142; Jana Müller: 77, 80; Alex Munteanu: 22, 204; Alex Munteanu / Thomas Bugnyar: 22; Tomreichner / Adobe Stock: Coverbild; Martina Schiestl: 16; Georgine Szipl: 126.

Der Inhalt dieses Buchs wurde auf hochwertigem, FSC©-zertifiziertem Naturpapier gedruckt. Dieses Papier trägt darüber hinaus ein Zertifikat auf dem Cradle to Cradle Certified® Silver Level.
Das Forest Stewardship Council® ist eine internationale Nichtregierungsorganisation, die weltweit eine umweltfreundliche, sozial gerechte und wirtschaftlich tragfähige Bewirtschaftung der Wälder fördert. Cradle to Cradle® zielt auf ein ökologisch verträgliches Wirtschaften in sich wiederholenden Rohstoff-Produkt-Kreisläufen ab.
Für die Druckproduktion und Endfertigung wurde auf umweltfreundliche, ressourcenschonende und schadstofffreie Produktionsweisen und Materialien geachtet. Die Druckerei ist FSC© und PEFC™-zertifiziert, regelmäßige Audits erfolgen im Rahmen der internationalen Umweltmanagementnorm ISO 14001 (Nr. 35025/C/0001/UK/En).
Diese international anerkannten, unabhängigen und regelmäßig überprüften Standards gewährleisten eine umweltgerechte, sozial verträgliche, nachhaltige und ökonomisch tragfähige Nutzung entlang der gesamten Wertschöpfungskette Holz, vom Baum bis zum Buch.